Norman Alexander
Mind Hacking

INHALT

Einleitung   9

TEIL I
AUFMERKSAMKEIT GEWINNEN UND HALTEN. . . . 13

Der erste Eindruck zählt oder wie die Gedanken
    unser Handeln beeinflussen 15
Die ersten Schritte der Kontaktaufnahme 19
    Offenheit 19
    Blickkontakt 19
    Begrüßung 20
Menschen-Magnet 22
    Äußeres Erscheinungsbild 22
    Wahrnehmung der Persönlichkeit 24
Geschäfte mit Freunden 27
Gemeinsamkeiten schaffen 30
    Körperhaltung und -bewegungen 32
    Stimme und Sprache 33
    Atmung 35
    Stimmungen 35
    Meinungen 36
Die Führung übernehmen 37
Die innere Wahrnehmung 39
    Visuelle Menschen 40

Inhalt

Auditive Menschen 41
Kinästhetische Menschen 42
Was uns die Augen verraten 45

TEIL II
GEDANKEN ENTSCHLÜSSELN 49

Beobachten und Schlussfolgern 51
Augen und Ohren offen halten 52
Sinne schärfen 55
Aus Situationen schlussfolgern 57
Körpersprachliche Signale 59
Angeln 65
Feedback provozieren 66
Feedback erhalten 68
Feedback nutzen 71
Fragetechniken 74
Die direkte Frage 75
Die beiläufige Frage 76
Die verschleierte Frage 78
Die Referenz-Frage 79
Die Treffer-Frage 80
Informationsbeschaffung 83
Gefühle deuten 90
Überraschung 92
Angst 94
Trauer und Verzweiflung 95
Ekel 96
Verachtung 98
Wut, Zorn und Ärger 99
Freude 100
Nutzen mimischer Informationen 101
Universelle Aussagen 106
Das Experiment von Professor Forer 110

Universell und dennoch charakteristisch 116
Männer und Frauen 121
Die weibliche Gedankenwelt 123
Die männliche Gedankenwelt 125
Lebensphasen 128
Die acht Lebensphasen 129
Der typische Verlauf des Lebens 131
Raster-Technik 140
Intuition/Erfahrung 143

**TEIL III
DAS PUZZLE ZUSAMMENSETZEN** 151

Techniken flexibel kombinieren 153
Outs – Was tun, wenn man daneben liegt? 160
Den Aussagen eine stärkere Bedeutung verleihen 167
Der Stress-Faktor 169
Die Wahrnehmung beeinflussen 171
Kleine Feinheiten, aber dennoch von Bedeutung 173
Gedankenspiele 181
Experiment: Die drei Gedanken 183
Experiment: Münze in der Hand 187
Experiment: Gedankenbilder 191
Experiment: Der Wahrsager 194

Schlussgedanke 199

Quellenverzeichnis 201

Danksagung 205

Einleitung

Stellen Sie sich einmal vor, es kommt ein Fremder auf Sie zu, und nur wenige Augenblicke später bemerken Sie erstaunt, dass dieser Jemand Sie besser kennt als Ihre Eltern, Ihr Lebenspartner oder Ihre besten Freunde – ja, vielleicht sogar besser als Sie sich selbst kennen. Es fühlt sich an, als ob dieser Fremde Sie schon Ihr ganzes Leben lang begleitet hätte.

Was könnte Ihnen nun dieser fremde, aber doch so vertraut wirkende Mensch über Ihr wahres Ich erzählen? Er weiß, was Sie lieben, kennt Ihre tiefsten Geheimnisse und weiß über Ihr inneres Erleben Bescheid, wie Sie es eigentlich nur selbst können.

Sie fragen sich erstaunt, wie dieser Mensch so viel über Sie wissen kann, und sind fasziniert von seiner Persönlichkeit.

Das Geheimnis ist Mind Hacking. Für manche wird dieser Begriff sehr hart klingen. Mind Hacking ist jedoch eine Kommunikationsstrategie, die auf einem höheren Level abläuft und die mit Beobachtung, Menschenkenntnis und Intuition die Gedanken des Geschäftspartners entschlüsselt.

Mind Hacking ist also weder Parawissenschaft noch Zaubertrick. Im Gegenteil, Mind Hacking besteht aus einer Kombination aus dem Know-how der Mentalisten, gepaart mit Erkenntnissen der Psychologie, mit dem Ziel, mehr über die Bedürfnisse und das Verhalten von Geschäftspartnern zu erfahren, Zustimmung und Respekt zu erzeugen und so das Business zu erleichtern.

Wäre es denn nicht hilfreich, wenn wir zu völlig unbekannten Menschen schnell Vertrauen aufbauen könnten und wenn diese den Eindruck bekämen, dass wir sie schon lange kennen? Wenn wir wüssten, welche Gefühle sie bewegen, wenn sie Entscheidungen treffen? Wenn wir ihre eigentlichen Gedanken, Motive und Bedürfnisse entschlüsseln könnten?

Dies sind nur einige Beispiele dafür, was Mind Hacking tatsächlich ermöglicht und welche beeindruckenden Ergebnisse erzielt werden.

Besonders im Geschäftsleben geht es oft um Aufmerksamkeit und darum, Eindruck zu hinterlassen. Was wäre also hilfreicher, als dem Gegenüber zu signalisieren, dass man genau weiß, was er denkt, wie er tickt und was er will?

Sobald man die Gedankenwelt eines anderen Menschen teilt, wird dieser sich öffnen. So erzeugen wir Übereinstimmung und Sympathie. Wir alle fühlen uns nämlich gerne bestätigt und verstanden. Und niemand macht gerne Geschäfte mit Menschen, die er nicht mag.

Auch für den Job kann so ein »guter Draht« zu anderen wichtig sein. Sei es in Business-Gesprächen, in der Büroküche oder bei der Betriebsfeier – häufig werden im Berufsleben private Themen berührt. Man spricht über die Kinder, das Hobby oder den anstehenden Urlaub. Wer einen guten Draht zu seinem Kollegen, Chef, Mitarbeiter oder Geschäftspartner hat, dem fällt auch das rein Geschäftliche leichter. Gerade hier kann man mit Mind Hacking punkten, weil es auf der Beziehungsebene funktioniert. Mit Mind Hacking können Sie zeigen, dass Sie auf die Menschen eingehen wollen, dass Sie sie verstehen und sich für sie interessieren.

Basis für dieses Buch sind meine jahrelangen Erfahrungen als Mentalist und meine Ausbildung als medizinischer Hypnosecoach. Während meines wirtschaftswissenschaftlichen Studiums erkannte ich dann, dass viele Methoden der Mentalisten im Geschäftsleben anwendbar sind.

In meinen Vorträgen bei Wirtschaftsunternehmen, Verbänden und Vereinigungen erleben die Zuhörer die Wirkung von Mind Hacking und sind davon fasziniert und begeistert. Alles funktioniert. Es kommt nur darauf an, es sich anzueignen, zu trainieren und zu nutzen. Manche Mind-Hacking-Technik scheint in ihrer Anwendung fast schon banal zu sein, zum Beispiel das Spiegeln auch des kleinsten Gedankens. Selbst wenn die Gedankengänge des Gegenübers manchmal naheliegend sind, sollte man sich nicht scheuen, sie auch wirklich auszusprechen. So, nämlich indem man die Eindrücke des anderen in Worte fasst, entfaltet sich die Wirkung von Mind Hacking.

Das Buch besteht aus drei Teilen. Im ersten Teil geht es darum, den Zugang zum Gesprächspartner zu finden, indem man seine Aufmerksamkeit erlangt und aufrechterhält. Das ist eine wesentliche Grundlage von Mind Hacking. Im zweiten Teil werden die Möglichkeiten beschrieben, die Gedanken des Gegenübers zu entschlüsseln. Im dritten Teil wird das Puzzle zusammengesetzt, um ein Bild von der Gedankenwelt des Gesprächspartners zu erhalten.

TEIL I   Aufmerksamkeit gewinnen und halten

TEIL II   Gedanken entschlüsseln

TEIL III   Das Puzzle zusammensetzen

Mind Hacking zu erlernen und anzuwenden, ist einfach. Jeder kann es sich aneignen, da es auf den natürlichen Denk- und Handlungsmustern der Menschen basiert.

Manche Kritiker werden mir Manipulation vorwerfen. Jedoch ist es mit Mind Hacking wie mit einem Messer. Man kann es zum Schneiden von Gemüse verwenden oder um Menschen zu verletzen. Es liegt also immer in der Verantwortung des Benutzers, wie er mit den ihm anvertrauten Werkzeugen umgeht.

Nach meinem Verständnis sollte man Mind Hacking in der Kommunikation nur in ehrlichen Win-Win-Situationen anwenden, also in Situationen mit positivem Ausgang für alle Beteiligten. Wenn wir die beschriebenen Methoden in guter Absicht einsetzen, sind sie vollkommen legitim.

Dennoch mache ich mir mit den folgenden Seiten bestimmt nicht nur Freunde. Es gibt Menschen, die die beschriebenen Techniken weiterhin gern als *top secret* einstufen würden. Jedoch bin ich da anderer Ansicht. Dieses Wissen sollte nicht geheim bleiben, und jeder sollte die Möglichkeit erhalten, es sich anzueignen und zu nutzen.

Freuen Sie sich nun auf spannende Erkenntnisse aus der Schatztruhe der Mentalisten. Ich bin sicher, dass Mind Hacking Ihnen in Gesprächen, Präsentationen und Verhandlungen, aber auch in der Alltagskommunikation große Erfolge bescheren wird.

TEIL I
Aufmerksamkeit gewinnen und halten

Um die Gedanken des Gesprächspartners zu
entschlüsseln, kommt es zunächst darauf an,
seine Aufmerksamkeit zu gewinnen. Dabei ist
es wichtig, zuerst einen Zugang zum Gegenüber zu finden, und mehr noch, man muss
diese Aufmerksamkeit auch behalten. Nichts
ist schlimmer als ein Gesprächspartner, der
sich gelangweilt abwendet. Wenn man jedoch
seine Aufmerksamkeit gefesselt hat, dann
schafft man eine intensive Beziehung zwischen
zwei Menschen, die sich miteinander verbunden fühlen.

Der erste Eindruck zählt oder wie die Gedanken unser Handeln beeinflussen

Jeder hat es schon einmal erlebt: Wenn man einer Person zum ersten Mal begegnet, ordnet man sie in Sekundenschnelle ein. Es reichen schon die ersten drei bis vier Sekunden, um unbewusst zu entscheiden, ob uns jemand sympathisch oder unsympathisch ist. Aber nicht nur wir selbst, sondern auch unser Gegenüber urteilt blitzschnell darüber, ob wir vertrauenswürdig sind oder nicht. Schnell steckt man in einer Schublade, eine zweite Chance auf den ersten Eindruck gibt es leider nicht. Um diese ersten Sekunden positiv zu beeinflussen, ist es wichtig, Ernsthaftigkeit, Vertrauenswürdigkeit und Sicherheit auszustrahlen.

Eine Möglichkeit ist es, sich klar zu machen, welche Körpersignale ausgesandt werden müssen, damit der Gesprächspartner einen positiven Eindruck von uns bekommt. Dabei besteht das Problem darin, dass wir die Körpersprache nicht bewusst steuern können, da sie sehr komplex ist und aus vielen einzelnen kleinen Muskelbewegungen besteht. So kann man zum Beispiel ein echtes von einem falschen Lächeln schnell unterscheiden, da beim echten viel mehr Muskeln bewegt werden. Um den ersten Eindruck bewusst zu steuern, müsste man also in Sekundenbruchteilen eine Fülle von richtigen Signalen bewusst setzen. Dies ist so gut wie unmöglich. Fehlt auch nur ein Signal oder ist nicht vollständig kongruent mit den anderen, so wirkt das Auftreten nicht authentisch, sondern geschauspielert, und man würde an

Sympathie und Vertrauen verlieren. Der Gesprächspartner merkt dann schnell, dass etwas nicht stimmt.

Eine bessere Möglichkeit, unsere Ausstrahlung zu beeinflussen, bieten dagegen die eigenen Gedanken. Denn alles, was wir denken, drücken wir sofort unbewusst über unsere Körpersprache aus. Nur positive Gedanken führen zu einer positiven Einstellung und somit zu einer positiven Ausstrahlung auf andere. Die Grundeinstellung bestimmt ganz entscheidend die Wortwahl und die Sprechweise eines Menschen. Besonders Mimik und Körpersprache werden durch Gedanken gesteuert. Das bedeutet, dass die Gedanken entscheidend dafür sind, wie man sich dem Gegenüber präsentiert. Denn alles, was einen selbst im Inneren bewegt oder was gegenüber dem Gesprächspartner, in einer Situation oder an einem Ort empfunden wird, das wird ausgestrahlt. Wenn man gedanklich in einer bestimmten Stimmung verhaftet ist, verfällt der Körper automatisch in die Verhaltensmuster, die zu dieser Grundeinstellung passen. Stellt man sich einmal etwas Trauriges so lange vor, bis man ein intensives trauriges Gefühl spürt, dann kann man in dieser Gefühlslage keine Freudensprünge machen. Ähnlich ist es umgekehrt: Ein intensives, freudiges Glücksgefühl lässt uns keine Möglichkeit, die Schultern hängen zu lassen und deprimiert in den Sessel zu rutschen. Man hat also nur dann Einfluss auf die eigene Ausstrahlung, wenn man auch die eigenen Gedanken kontrollieren kann.

Unsere Grundeinstellung und unsere Gedanken steuern den Körper. Und je intensiver die Gedanken in eine Richtung fokussiert werden, umso stärker werden die Änderungen in Mimik und Körpersprache feststellbar.

Sehr wahrscheinlich erleben die meisten Menschen genau das bewusst oder unbewusst täglich in den verschiedensten Situationen. Nehmen wir zum Beispiel an, Sie bekommen Post vom Finanzamt und sind verärgert, weil Sie schon wieder Steuern nachzahlen müssen. Kurz darauf findet ein Meeting mit einem Geschäftspartner statt, und Sie nehmen genau dieses Gefühl mit ins Gespräch hinein. Die schlechte Nachricht vom Finanzamt führt zu negativen Gedanken, die für das Gespräch nur hinderlich sind. Denn genau diese negativen Gedanken spiegeln wir in unserem Verhalten und unserer Sprache wider.

Wir müssen eine negative Situation wie die mit der Steuernachzahlung aber gar nicht real erleben. Allein die Vorstellung davon reicht aus, um die entsprechenden Gefühle zu wecken. Denn unsere Vorstellungskraft ist eine unserer stärksten Kräfte. Allein durch unsere Gedanken können wir Bilder, Geräusche, Gerüche, Geschmäcker und vor allem Gefühle entstehen lassen und durchleben. Diese Vorstellungskraft ist so stark, dass die Gedanken zur Realität werden, da unser Unterbewusstsein nicht zwischen Phantasie und Wirklichkeit unterscheiden kann.

Um sich diesen Mechanismus in der Kommunikation zu Nutze zu machen, sollte zuerst folgende Frage beantwortet werden: Was soll im Gespräch erreicht werden? Denn genau hier liegt das Problem der meisten Menschen. Viele wissen nicht, was sie wollen, sondern nur, was sie nicht wollen. Es ist ein Unterschied, ob man denkt: »Ich will nicht, dass mein Gesprächspartner verärgert und unzufrieden ist« oder »Ich will meinen Gesprächspartner glücklich machen«. Wenn das Ziel bekannt ist, kann man sich genau überlegen, mit welcher Grundeinstellung es am besten zu erreichen ist.

Um eine positive Grundeinstellung widerzuspiegeln, kann man sich selbst darauf konditionieren. Dazu wird ein vorher festgelegter Auslöser benötigt. Das kann eine Berührung von Daumen und Zeigefinger oder ähnliches sein. Als Nächstes sucht man nach einem positiven Gedanken, einer Assoziation, die hilfreich sein könnte, um auf eine Person zuzugehen. Sind diese ersten beiden Schritte getan, geht es darum, sich die jeweilige Situation bildlich auszumalen. Das macht man am besten mit geschlossenen Augen, da man sich so besser konzentrieren kann. Je intensiver man sich die Situation vorstellt, umso besser kann man Bilder, Geräusche und Gefühle wahrnehmen. Es ist hilfreich, dabei die eigene Sinneswahrnehmung zu hinterfragen, um auch kleine Details zu erkennen. Wenn nun die Situation im Geiste erlebt wird, können die Bilder, Geräusche und Gefühle verstärkt und mit dem Auslöser verankert werden. Damit ist die positive Grundeinstellung im Gehirn abgespeichert und kann jederzeit durch Betätigung des Auslösers abgerufen werden, so dass sich die persönliche Ausstrahlung sofort verbessert.

Die ersten Schritte der Kontaktaufnahme

Offenheit

Eine offene Körpersprache signalisiert dem Gegenüber, dass es willkommen ist. Verschränkte Arme wirken dagegen wie eine Art Barriere, die Abweisung ausstrahlt. Gleiches gilt für Hände, die in den Hosentaschen stecken.

Offenheit vermittelt ein gewisses Maß an Selbstsicherheit und verstärkt die eigene Ausstrahlung. Aber auch hier gilt: Es bringt nichts, Offenheit zu spielen oder sich verkrampft aufgeschlossen zu geben.

Wenn man im Schritt zuvor die richtige Grundeinstellung gefunden hat und jetzt aktiviert, wird sich die Körperhaltung von ganz allein öffnen. Nach oben gedrehte Handflächen oder ein kleiner Schritt in Richtung des Gesprächspartners sind Gesten einer offenen Körpersprache.

Blickkontakt

Viele Menschen scheuen sich davor und fühlen sich unwohl, wenn sie einer Person direkt in die Augen schauen. Dabei zeigt ein Blick in die Augen des Gesprächspartners, dass wir aufmerksam sind und ihn beachten.

Da es unmöglich ist, in beide Augen gleichzeitig zu schauen, blickt man am besten auf die Nasenwurzel zwischen den Augen. Man kann ebenso versuchen herauszufinden, welche Augenfarbe das Gegenüber hat. Dadurch zwingt man sich selbst, dem anderen in die Augen zu schauen, und wird automatisch den Blickkontakt suchen.

Über die Augen vermitteln wir neben unseren Stimmungen und Absichten auch unsere Grundeinstellung und machen sie für unser Gegenüber wahrnehmbar. Das Gegenüber fühlt sich angesprochen und wird darauf reagieren.

Erwidert man den Blick des Gegenübers nicht, wird man als desinteressiert oder schüchtern wahrgenommen. Suchen Sie ruhig als Erster den Blickkontakt. Das zeigt Initiative. Je länger der Blickkontakt gehalten wird, umso intensiver ist er. Fast überflüssig zu sagen: Ein länger anhaltendes Starren wird als unangenehm empfunden.

Übrigens kann man an den Augen auch erkennen, ob jemand wirklich interessiert ist. Die Erweiterung der Pupillen ist ein echtes Zeichen der Zustimmung. Es gibt verschiedene Gründe, warum sich Pupillen erweitern: Entweder ist zu wenig Licht vorhanden oder aber die Person wird durch etwas, was gerade passiert, gereizt. Wenn man also bemerkt, dass die Pupillen des Gesprächspartners sich erweitern, kann man daraus schlussfolgern, dass bei ihm starkes Interesse besteht. Die Pupillenerweiterung ist ein unbewusster Prozess und nicht manipulierbar.

Begrüßung

Bei Geschäftsterminen und anderen offiziellen Anlässen ist der Händedruck die übliche Begrüßungsform. Wichtig dabei ist, dass auch der Tonfall freundlich ist und dass dem Gegenüber weder die Hand gebrochen wird, noch sollte er das Gefühl haben, nach einem toten Fisch zu greifen. Das Händeschütteln sollte respektvoll und fest sein. Damit rechnen die meisten Menschen bei der Begrüßung. Fällt sie anders aus als erwartet, dann hat der Gesprächspartner intuitiv das Gefühl, dass etwas nicht stimmt.

Sind gleich mehrere Personen gleichzeitig zu begrüßen, ist es wichtig, jetzt schon auf den Namen des Gegenüber zu achten. Am einfachsten prägt man sich den Namen ein, wenn man zu Beginn des Gesprächs versucht, ihn ein paar Mal zu wiederholen. Aber nicht: »Herr Müller, Herr Müller, Herr Müller«, sondern: »Hallo Herr Müller, ich freue mich, Sie kennenzulernen. Setzen Sie sich doch, Herr Müller.« Dabei kann man sich etwas nach vorn neigen, was die offene Körpersprache nochmals unterstreicht.

Auch der Gesprächspartner sendet bei der ersten Begegnung Signale. So erhält man zum Beispiel sofort einen ersten Eindruck davon, in welcher Stimmung er sich gerade befindet. Alles, was man jetzt wahrnimmt, kann später beim Entschlüsseln der Gedanken von Vorteil sein.

Wenn man vor einer Gruppe spricht, dann kann man nicht jedem die Hand schütteln. Trotzdem sollte man versuchen, eine Bindung zu allen aufzubauen. Diese Situation erlebe ich auch auf der Bühne. Eine gute Möglichkeit ist es, sich vorzustellen, man würde Fäden von sich zu jedem einzelnen spannen. Das tut man, indem man die Personen einzeln nacheinander anschaut. Dabei geht man aber keinesfalls der Reihe nach vor, sondern beginnt an irgendeiner Stelle und ändert dann immer wieder die Richtung, also zum Beispiel erst nach links hinten, dann nach rechts vorn und dann in die Mitte usw. Man spannt die imaginären Fäden in so viele Richtungen wie nur möglich. Durch die ständigen Richtungswechsel erreicht man, dass sich gleich mehrere Personen im Raum angesprochen fühlen, und man kann die Situation besser beobachten.

Man muss nur darauf achten, diese Fäden zu halten. Wenn ein Faden reißt, also die Verbindung und somit auch die Aufmerksamkeit schwindet, spannt man gleich einen neuen Faden. So hat man ständig einen »guten Draht« zu den Zuhörern und zieht sie in seinen Bann.

Menschen-Magnet

Das Wort Charme kommt aus dem Französischen und bedeutet »faszinieren« oder »bezaubern«. Wer Charme besitzt, erlebt, wie sich andere Menschen zu ihm hingezogen fühlen. Charme stellt also eine Art magnetische Anziehungskraft dar, die andere in den Bann zieht. Natürlicher Charme vereinfacht die Kommunikation. Charmanten Menschen fällt es deutlich leichter, zu anderen Kontakt aufzunehmen. Doch charmantes Verhalten ist auch erlernbar.

Äußeres Erscheinungsbild

Das äußere Erscheinungsbild wird als Erstes wahrgenommen. Auch wenn es oft heißt, dass die inneren Werte entscheidend seien, lassen wir uns häufig von Äußerlichkeiten beeinflussen. Würde Sie Ihr Bankberater in zerrissenem Hemd und dreckiger Hose empfangen, würden Sie ihm dann wirklich Ihr Geld anvertrauen? Das richtige Outfit entscheidet darüber, wie wir wahrgenommen werden.

Aus der Sozialpsychologie ist der Halo-Effekt bekannt. Dieser besagt, dass der Gesamteindruck, den wir von einer Person haben, durch ein einziges positives Merkmal bestimmt wird. Andere Merkmale treten in den Hintergrund. Zusätzlich werden der Person weitere positive Eigenschaften, die mit dem dominanten Merkmal scheinbar in Verbindung stehen, automatisch zugeschrieben. Schöne oder wohlhabende Menschen werden deswegen schneller für klug gehalten als weniger schöne oder weniger wohlhabende.

Eine Studie über Bewerbungsgespräche von Denise Mack und David Rainey zeigte ebenfalls, wie sehr das äußere Erscheinungsbild bei der Auswahl des Bewerbers eine Rolle spielt. In den meisten Gesprächen hatten diejenigen bessere Chancen, die durch entsprechende Kleidung, Frisur, Make-up und Schmuck eine gute äußerliche Erscheinung besaßen. Die fachliche Qualifikation trat in den Hintergrund, obwohl die Beteiligten das Gegenteil behaupteten.

Dabei muss unser Gegenüber sein Urteil nicht einmal bewusst fällen. Es sind unterschwellige Botschaften, die wir durch unsere Kleidung aussenden. Gleichzeitig hat jeder Mensch gewisse Erwartungen, die er erfüllt sehen möchte. So gehen wir, wenn wir einem Arzt gegenübertreten, davon aus, dass dieser einen weißen Kittel trägt oder zumindest weiß gekleidet ist. Das signalisiert uns: Dieser Mensch ist Arzt, und wir können ihm in medizinischen Fragen vertrauen. Die Kleidung des Arztes ist wie ein Etikett, auf dem geschrieben steht, wer er ist und was er kann. Diese Möglichkeit der Etikettierung kann man für sich nutzen, indem man sich so kleidet, wie man wahrgenommen werden möchte.

Ohnehin ist das Aussehen bei beruflichen Kontakten sehr wichtig. Es kann nie schaden, sich seiner äußerlichen Stärken und Schwächen bewusst zu sein und sie entsprechend zu betonen bzw. zu kaschieren. Für Frauen können dezentes Make-up, figurbetonte Kleidung und hohe Schuhe wirkungsvoll sein, für Männer ein gut geschnittener Anzug oder die richtige Frisur. Betont man jedoch die falschen Attribute, kann man lächerlich wirken.

Ein angenehmer Duft ist ebenso wichtig, denn Gerüche können uns unterschwellig beeinflussen. Parfum sollte so dezent verwendet werden, dass es nur ganz leicht wahrnehmbar ist.

Auch große und kleine Accessoires können helfen, die eigene Botschaft zu vermitteln. So kann beispielsweise ein teures Auto den Status einer Person heben. (Es muss ja keiner wissen, dass es ein Mietwagen ist.) Grundsätzlich kommt es aber auf die Einstellung des Gesprächspartners an. Verspürt der aus irgendwelchen Gründen eine Abneigung gegenüber Luxuswagen, bremst ein solcher eher den Beziehungsaufbau. Das sollte man also unbedingt in Erfahrung bringen, bevor man mit dem teuren Wagen zum Meeting fährt. Bei Geschäften, die in konservativen Branchen abgeschlossen werden und in denen es um viel Geld geht, sind Accessoires wie der richtige Anzug, eine edle Uhr und der eben beschriebene Luxuswagen sicherlich von Vorteil.

Man sollte auch an den Ort denken, an dem das Gespräch stattfindet. Ist es das eigene Büro, kann man die Umgebung selbst gestalten. Heimspiel also. Durch eine entsprechende Ausstattung der Räume sowie dezente, aber aussagekräftige Urkunden und Zertifikate an den Wänden kann eine starke Wirkung auf das Gegenüber erzielt werden. Der Gast wird dadurch größere Kompetenz und bessere Fähigkeiten unterstellen – ein großer Vorteil in der Kommunikation!

Wahrnehmung der Persönlichkeit

Für den ersten Eindruck ist nicht nur die äußere Erscheinung von Bedeutung, sondern auch die Persönlichkeit. Eine große Rolle spielt dabei das Selbstbewusstsein. Es ist wichtig, dass man seine Stärken kennt. Das gibt Sicherheit in der Kommunikation mit anderen. Selbstbewusstsein hat nichts mit Äußerlichkeiten zu tun, sondern ist etwas, was im Kopf entsteht.

Kennt man seine Stärken und weiß sie einzusetzen, sollte man sie weiter ausbauen. Notiert man sich seine positiven Eigenschaften auf einem Zettel und liest sie sich selbst jeden Morgen laut vor, wird man sich seiner selbst noch besser bewusst. Man verbessert dadurch das Selbstbewusstsein, ohne arrogant zu wirken.

Mit einer kleinen Portion Mut lässt sich das eigene Selbstbewusstsein steigern. Viele Menschen haben Probleme damit, auf andere zuzugehen oder vor Gruppen zu sprechen. Dazu gehören Überwindung und Übung, damit die Auftritte nicht einstudiert oder unsicher wirken. Nach einiger Zeit wird es leichter, und man bleibt auch in schwierigen und unangenehmen Situationen souverän und gelassen. Voraussetzung ist, dass man von dem überzeugt ist, was man sagt.

Menschen, die besonders große Ängste und Blockaden haben, wenn sie andere ansprechen sollen, können sich langsam an die Situation herantasten, indem sie z. B. Passanten auf der Straße nach der Uhrzeit fragen. Dabei geht es um nichts, und es ist völlig egal, was passiert. Deswegen ist die Hemmschwelle niedriger, und man gewöhnt sich daran, auf andere zuzugehen.

Man kann andere nur dann von etwas begeistern, wenn man selbst davon begeistert ist. Menschen, die von sich und ihren Inhalten überzeugt sind, sagen, was sie denken. Sie reden nicht drum herum, sondern kommen klar und deutlich auf den Punkt.

Wer nur auf seinen eigenen Vorteil fixiert ist, wird keinen Zugang zum Gegenüber finden. Man muss sich also wirklich für sein Gegenüber interessieren. Um eine Beziehung aufzubauen und Menschen von den eigenen Ideen zu überzeugen, ist diese Eigenschaft enorm wichtig. Denn erst dann kann man sich in andere Menschen hineinversetzen.

Menschen, die mitfühlend, hilfsbereit, charismatisch, spontan, ehrlich und warmherzig sind, gehen anders auf Menschen zu als jene, denen diese Eigenschaften fehlen oder die glauben, dass diese Eigenschaften im Business nicht gefragt sind.

Damit man auf andere Menschen glaubwürdig wirkt und diese Vertrauen entwickeln, müssen Mimik, Gestik und Tonfall mit den gesprochenen Worten übereinstimmen. Diese Übereinstimmung bezeichnet man als Kongruenz. Der Gesprächspartner bemerkt schnell, wenn die Körpersprache sowie Ausdruck und Inhalt des Gesagten nicht kongruent sind. Damit wird es schwierig, Kontakt herzustellen, oder es kommt, wenn dieser bereits besteht, zu einem Bruch.

Wenn jemand versucht, mit freudigem Tonfall etwas zu erzählen, dabei aber die Schultern hängen lässt und einen traurigen Gesichtsausdruck auflegt, dann passt das einfach nicht zusammen. Man merkt sofort selbst, dass etwas nicht stimmt, da Körpersprache und das gesprochene Wort nicht das Gleiche aussagen.

Geschäfte mit Freunden

Im Volksmund sind zwei Sprichwörter gleichermaßen beliebt und bekannt: »Gleich und gleich gesellt sich gern« und »Gegensätze ziehen sich an«. Ist eines richtig und das andere falsch, oder steckt in beiden ein Körnchen Wahrheit?

Jeder hat wahrscheinlich schon einmal erlebt, dass man einem Menschen begegnete und sich in dessen Gegenwart sofort wohl gefühlt hat. Man war sich vertraut, fühlte sich verstanden. Häufig geschieht das, wenn man während eines Gesprächs auf Anhieb einer Meinung war oder denselben Beruf oder ähnliche Hobbys ausübt. Möglicherweise war es aber auch ganz unbewusst die gleiche Sprechweise, der gleiche Atemrhythmus oder die gleiche Stimmung. Auf jeden Fall aber waren es Gemeinsamkeiten, die dazu führten, dass man mit dieser Person auf einer Wellenlänge kommunizieren konnte und dadurch eine vertrauensvolle Verbindung zueinander fand.

Somit trifft das Sprichwort »Gleich und Gleich gesellt sich gern« voll und ganz zu. Denken Sie selbst einmal darüber nach: Zu wem fühlen Sie sich hingezogen? Sind das Menschen, die das komplette Gegenteil von dem wollen, was Sie im Sinn haben? Personen, deren Ansichten sich komplett von Ihren unterscheiden? Sagen Sie sich etwa: »Schön, dass Sie eine ganz andere Meinung als ich haben«? Sicherlich nicht. Denn Menschen, die sich ähneln, mögen sich eher. Schauen Sie sich einmal in Ihrem Freundeskreis um. Sie denken wahrscheinlich nicht bewusst darüber nach. Bei genauerem Hinsehen werden Sie aber feststellen, dass Ihre Interessen, Überzeugungen und Lebensstile denen Ihrer Freunde ähneln.

Aber auch in der Redewendung »Gegensätze ziehen sich an« steckt ein wenig Wahrheit. Wenn zwei Menschen sich sehr ähneln, kann ein kleiner Unterschied einen gewissen Reiz ausmachen und als sehr angenehm empfunden werden. Nicht umsonst werden Fernsehshows, Soaps und Filme oft durch konträre Charaktere besetzt, denken Sie nur an »Dick und Doof«. Verschiedenartiger könnten die beiden Charaktere nicht sein. Erst durch Gegensätze entstehen Reibungspunkte, die die Geschichten interessant und sehenswert machen.

Dieses Phänomen ist ständig zu beobachten, ob in der Wirtschaft oder im Alltag: Wenn Sie z. B. ein Auto kaufen wollen, dann werden Sie einem sympathischen Autohändler bereitwilliger die Sitzheizung oder Klimaanlage abkaufen als einem unsympathischen. Wirkt er jedoch aufdringlich und unangenehm, wird das die Kaufentscheidung negativ beeinflussen. Warum der Kunde einen Verkäufer als angenehm oder unangenehm empfindet, hängt von vielen Faktoren ab. Sympathisch findet man ihn meistens, wenn man Gemeinsamkeiten entdeckt – und sei es auch nur in der Sprechweise. Ähnelt der Verkäufer beispielsweise einem Freund oder guten Bekannten, dann werden wir ihm vertrauen.

Auch fand man in einer Analyse von Versicherungsberatungen heraus, dass Kunden eher eine Versicherung abschließen, wenn Kunde und Verkäufer Ähnlichkeiten aufweisen.

Meist haben wir mit unseren Freunden vieles gemeinsam, und genau das führt dazu, dass wir Sympathie und Vertrauen spüren. Mit einem Freund könnten wir ewig über den bevorstehenden Autokauf reden, da wir die gleiche Sprache sprechen und die gleichen Worte benutzen. Wahrscheinlich werden wir gar nicht viele Worte benötigen, wenn die Verbindung stark genug ist.

Wichtig ist es also, Gemeinsamkeiten mit einem Gesprächspartner herzustellen. Dazu gehört zum Beispiel, dass man sich
seiner Art und Weise zu reden anpasst. Spricht das Gegenüber
ruhig und bedächtig, dann schafft man schnell eine gemeinsame
Basis in der Kommunikation, wenn man ebenfalls ruhig und bedächtig spricht.

Gemeinsamkeiten schaffen

Damit wir in die Gedankenwelt eines anderen Menschen eintauchen können, ist diese Technik von unschätzbarem Wert. Sie ermöglicht es, uns in unser Gegenüber einzufühlen und genauso zu denken wie er. Wir werden dadurch schneller erkennen, woran wir sind und wie wir weiter vorgehen müssen.

Man kann nicht nur vorhandene Gemeinsamkeiten suchen, sondern auch welche schaffen. Die wirksamste Methode, Übereinstimmung zu erzeugen, ist das bewusste Spiegeln der Physiologie und der Körpersprache des Gegenübers. Dadurch signalisieren wir unserem Gesprächspartner, dass wir uns ähnlich sind.

Man beobachtet das Verhalten des Gegenübers und passt sich diesem an. Milton H. Erickson, der Meister und Revolutionär der Hypnosetherapie, hat genau diese Technik angewandt. Er spiegelte sein Gegenüber und baute dadurch innerhalb kürzester Zeit Vertrauen zu einem Menschen auf, auch wenn er ihn vorher noch nicht gekannt hatte.

Besonders konzentrierte er sich auf nonverbale Körpersignale. Warum? Nicht nur das, *was* wir sagen, ist entscheidend, sondern auch, *wie* wir es sagen und es durch unsere Mimik und Gestik übermitteln. Durch Stimme und Körpersprache kann man den gesprochenen Worten verschiedene Bedeutungen geben. Nicht umsonst müssen Schauspieler lernen, ein »Nein« auf unterschiedliche Weise auszudrücken.

Ein sehr schönes Beispiel dafür ist auch das Dr.-Fox-Experiment, das 1970 in den USA durchgeführt wurde. Vor einer Gruppe von Psychiatern, Psychologen und Ausbildern hielt ein Schauspieler, der sich als Experte für die Anwendung der Mathematik auf das menschliche Verhalten ausgab, einen Vortrag. Der Inhalt war bewusst völliger Unsinn, was aber keinem der Teilnehmer auffiel. Der vermeintliche Experte überzeugte mit seinem Auftreten und in der Art der Vermittlung des Gesagten. Das Dr.-Fox-Experiment belegt damit die starke Wirkung von Körpersprache und Stimme auf die Kommunikation.

Was bedeutet das für das Schaffen von Gemeinsamkeiten in der Businesspraxis? Nehmen wir z. B. ein Mitarbeitergespräch. Wenn der Chef bemerkt, dass der Mitarbeiter viel ruhiger spricht als er, dann sollte er selbst auch ruhiger sprechen und sich anpassen. Ebenso kann er dessen Sitzposition nachahmen. Durch diese Gemeinsamkeiten baut er Vertrauen auf und wird schneller sein Ziel erreichen. Natürlich funktioniert das auch umgekehrt. Es gibt unzählige Details, die man spiegeln kann.

Wissenschaftliche Studien bestätigen: Ähnliche Körperhaltungen, Stimmungen und Ausdrucksweisen signalisieren, dass man auf der gleichen Wellenlänge liegt. So fand man heraus, dass beispielsweise Kellnerinnen, die ihre Gäste spiegelten, mehr Trinkgeld erhielten als jene, die das nicht taten. In einem weiteren Experiment von Tanya L. Chartrand und John A. Bargh kam man zu dem Ergebnis, dass die Sympathiewerte von Menschen durch Gemeinsamkeiten positiv beeinflusst werden können. Die Teilnehmer haben sich mit einer fremden eingeweihten Person unterhalten. Manche wurden durch den Gesprächspartner gespiegelt, andere nicht. Diejenigen, die gespiegelt wurden, bewerteten im Vergleich zu den anderen den Fremden als sympathischer.

Um Gemeinsamkeiten zu schaffen, sollte man sich dem Gegenüber erst einmal nur in einigen wenigen Merkmalen angleichen, um ein Gefühl dafür zu bekommen. Dadurch vermeidet man Übertreibungen. Wenn man nämlich krampfhaft versucht, alles genau so wie sein Gegenüber zu machen, wirkt es unecht. Es muss harmonisch ablaufen, so dass man sich immer mehr und mehr in den anderen hineinfühlt. Letztendlich sollte man anstreben, dass dieser Prozess auf natürliche Art und Weise abläuft. Nur so schafft man einen echten Zugang zu Menschen.

Körperhaltung und -bewegungen

Als ich mir einen neuen Computer kaufen wollte, ging ich in einen Technikmarkt und hatte, dort angekommen, auch schnell ein interessantes Modell gefunden. Ich schaute mir das Gerät, das auf dem Tisch stand, genauer an. Meine Hände stützte ich auf die Tischkante. Mein Oberkörper sowie mein Kopf waren leicht nach vorn gebeugt. Meine Füße standen etwa eine Schrittlänge auseinander, der linke vor dem rechten. Plötzlich kam ein Verkäufer hinzu. Er nahm genau meine Position ein. Auch er stützte sich leicht auf die Tischkante, senkte seinen Oberkörper und seinen Kopf, stellte seine Füße wie ich und begann, mir die Eigenschaften des Computers zu erklären. Diese – vermutlich intuitive – Anpassung seines Verhaltens empfand ich als angenehm und entspannend.

Es gibt verschiedene Haltungen und Bewegungen, die sich nachahmen lassen. Um sich diese Möglichkeiten bewusst zu machen, sollte man sich folgende Fragen beantworten:

Wie ist meine gesamte Körperhaltung?
Wie ist mein Gesichtsausdruck?
Ist mein Kopf geneigt?
In welche Richtung bewege ich meinen Kopf?
Wie ist die Position meiner Schultern?
Wie halte ich meine Arme?
Wie halte ich meine Hände?
Ist mein Oberkörper geneigt?

In welche Richtung bewege ich meinen Oberkörper?
Wie ist die Position meiner Beine?
Wie stehen meine Füße zueinander?
Welche Gesten sind markant?

Je genauer man sich selbst kennt, desto genauer kann man das Verhalten seines Gegenübers spiegeln.

Stimme und Sprache

Das Spiegeln der Stimme und Sprache ist ebenfalls eine schnelle und effiziente Methode, um Gemeinsamkeiten zu schaffen. Besonders gut eignet sie sich für Telefonate, schließlich können hier keine körpersprachlichen Gemeinsamkeiten geschaffen werden. Man sollte genau darauf achten, wie das Gegenüber spricht. Es gibt verschiedene Eigenschaften, die gespiegelt werden können.

Die Klangfarbe beschreibt, ob eine Stimme hoch oder tief ist. Wenn man sich nun im Gespräch mit einer Person befindet, deren Stimme eher hoch ist, dann erhöht man auch selbst die Stimme ein wenig. Aber: nicht übertreiben. Niemand darf das Gefühl haben, dass man sich über ihn lustig macht. Dann würde der Kontakt abbrechen, und man wird ihn nur schwer wieder aufbauen können. Die Stimme darf also nur minimal und bei einzelnen Worten erhöht bzw. vertieft werden.

Ein weiteres Charakteristikum unserer Sprache ist das Tempo. Manche Menschen sprechen so schnell, dass wir ihnen kaum folgen können. Umgekehrt gibt es auch Personen, deren Sätze wir schon in Gedanken oder sogar laut vervollständigen, weil sie so langsam sprechen.

Schnellsprecher sind an ihr Tempo gewöhnt. Wenn man nun dieses Verhalten nachahmt, muss man darauf achten, in kurzen Sätzen zu sprechen. Dann läuft man nicht Gefahr, sich zu verhaspeln. Will man ein langsameres Sprechtempo spiegeln, kann man einfach kleine Pausen zwischen den Sätzen einlegen. Dadurch gibt man dem Gegenüber die Zeit, die es braucht.

Man sollte generell darauf achten, an welchen Stellen der Gesprächspartner Pausen setzt. Wenn hier ein bestimmtes Muster zu erkennen ist, kann man das für sich übernehmen.

Wenn man sich auf die Pausen konzentriert, entwickelt man automatisch ein Gefühl für den Sprechrhythmus des Gegenübers. Ist er eher gleichmäßig und fast schon monoton oder variiert der Tonfall bei bestimmten Wörtern oder Stellen im Satz? Vielleicht kann man dabei auch eine Art Melodie erkennen und diese übernehmen.

Auch die Lautstärke ist ein wichtiges Merkmal der Sprache. Man sollte sich auch hier dem Gegenüber anpassen, es jedoch nicht übertreiben. Im Übrigen bedeutet eine laute Stimme nicht unbedingt, dass das Gegenüber Probleme mit dem Hören hat. Entsprechend muss eine leise Stimme kein Anzeichen für ein geringes Selbstbewusstsein oder Schüchternheit darstellen.

Wenn einem spezifische Ausdrücke auffallen, die das Gegenüber verwendet, dann sollte man sich diese merken. Häufig verwenden Menschen typische Begriffe und Redewendungen, die mit ihrem Umfeld, ihrem Beruf oder Hobby in Verbindung stehen. Optimal, wenn sich das Hobby ins Businessgespräch übertragen lässt: Anstatt »Hier müssen Sie noch unterschreiben« könnte man dann sagen »Jetzt muss das Runde nur noch ins Eckige«. Es geht letztendlich darum, die Sprache des Gegenübers zu sprechen.

Der Dialekt einer Person ist ein sehr markantes Merkmal der Sprache. Ich lernte einmal nach einem meiner Vorträge einen Verkäufer kennen, der mir erzählte, dass er nach seinem Umzug nach Baden-Württemberg Schwäbisch lernen musste, um bei seinen Kunden anzukommen.

Es gibt Menschen, die viele Akzente und Dialekte sprechen können und dabei auch authentisch wirken. Das sollte die absolute Voraussetzung sein. Es kann sonst sehr schnell passieren, dass sich das Gegenüber veralbert oder sogar gekränkt fühlt. Besonders dann, wenn er vielleicht gar nicht will, dass man seinen Dialekt oder Akzent heraushört.

Atmung

Unsere Atmung steht in enger Verbindung mit unserem emotionalen Zustand. Bei Aufregung atmen wir zum Beispiel sehr schnell und flach, bei Entspannung dagegen tief in den Bauch hinein und ruhig.

Um die Atmung des Gegenübers nachzuahmen, beobachtet man am besten das Heben und Senken seines Brustkorbs. Bewegungen der Schultern und des Zwerchfells können ebenfalls Hinweise auf den Rhythmus geben. Übernehmen Sie diesen Rhythmus, und Sie werden überrascht sein, wir wirksam es ist.

Stimmungen

Auch in den Stimmungen kann man den Gesprächspartner spiegeln. Die Stimmung, in der man sich gerade befindet, entscheidet mit darüber, ob wir jemanden sympathisch finden oder nicht. Es ist zum Beispiel nicht sonderlich hilfreich, auf die schlechte Laune seines Gegenübers mit großer Euphorie zu reagieren. Besser ist es, man versucht, diesen emotionalen Zustand aufzugreifen und Verständnis für seine Situation zu entwickeln. Wenn der Gesprächspartner merkt, dass er verstanden wird, dann wird es auch möglich sein, ihn in einen positiveren Grundzustand zu führen.

Bemerkt man, dass der Gesprächspartner voller Freude ist, dann greift man auch diese Stimmung auf und verstärkt sie. Er wird die positiven Gefühle spüren, sodass er sich in unserer Gegenwart noch besser fühlen wird.

Meinungen

Häufig kommt es vor, dass in einem Gespräch unterschiedliche Meinungen aufeinanderprallen. Um einen guten Zugang zur anderen Person zu finden, ist es jedoch wichtig, dass wir seine Gedanken respektieren. Denn wer ist schon gern mit Menschen zusammen, die unsere Meinungen anzweifeln oder kritisieren? Natürlich muss man nicht jede Ansicht seines Gegenübers akzeptieren. Vielleicht gibt es aber einen Aspekt in seiner Argumentation, mit dem man übereinstimmt. Wenn man diesen Punkt aufgreift und sich darauf konzentriert, dann muss man nicht lügen und kann trotzdem Übereinstimmung signalisieren.

Dazu fällt mir folgendes Erlebnis ein: Einmal kam eine Frau zu mir und bat mich, ihr die Zukunft vorauszusagen. Sie war der Meinung, dass ich als Mentalist doch auch hellsehen könne. Das kann ich keinesfalls. Nun wollte ich sie aber auch nicht enttäuschen und habe daher ihre Meinung akzeptiert. Sie vom Gegenteil zu überzeugen, hätte zu langen Diskussionen und keinem Ergebnis geführt. Vielmehr habe ich sie dann durch weitere Techniken, die in den folgenden Kapiteln beschrieben sind, in ihrer Situation abgeholt und mit einem positiven Gefühl gehen lassen. Wir hatten dadurch innerhalb kürzester Zeit eine enge Verbindung. Hätte ich aber ihre Bitte ausgeschlagen, wäre sie wahrscheinlich enttäuscht gewesen, und ich wäre ihr mit diesem Gefühl in Erinnerung geblieben.

Die Führung übernehmen

Im vorangegangenen Abschnitt wurden verschiedene Möglich-keiten vorgestellt, wie man das Verhalten anderer Menschen nachahmen und damit Übereinstimmung erzeugen kann. Wenn man diese Technik übt, kann man sie bald nutzen, ohne weiter darüber nachzudenken. Dadurch findet man automatisch einen Zugang zu fremden Personen. Die Tür zur Gedankenwelt des Gegenübers wird geöffnet.

Der italienische Neurophysiologe Giacomo Rizzolatti ent-deckte zusammen mit seiner Forschungsgruppe Mitte der neun-ziger Jahre an der Universität Parma, dass Makakenaffen, die beobachteten, wie Menschen nach Essen griffen, diese Handbe-wegung nahezu zeitgleich imitierten. Das Tier kopierte das Ver-halten des Menschen. Rizzolatti bezeichnete die dafür zuständi-gen Nervenzellen als Spiegelneuronen.

Später fand man heraus, dass dieses Phänomen auch im menschlichen Gehirn stattfindet. Unser Gehirn ist also dank der Spiegelneuronen in der Lage, alles, was durch die Sinneskanäle wahrgenommen wird, abzubilden und auf uns selbst zu übertra-gen. Dabei spiegelt das Gehirn sowohl die motorischen Bewe-gungen als auch die Empfindungen des Gegenübers. Sieht man z. B. eine Person gähnen, lässt man sich leicht davon anstecken.

Aber nicht nur beim Gähnen, sondern auch bei allen anderen Signalen, die wir sehen, hören, fühlen, riechen und schmecken, laufen die Prozesse der Spiegelneuronen ab. Dieses natürliche

System baut auf einfache Art und Weise eine Brücke zum Gegenüber und funktioniert umso besser, je mehr Übereinstimmungen man ohnehin mit der anderen Person aufweist. Und je mehr Übereinstimmungen es gibt, desto schneller wird das Gegenüber unser Verhalten imitieren. Dadurch ist es möglich, das Denken und Handeln anderer Menschen zu beeinflussen.

Wenn man also immer mehr Merkmale des Gesprächspartners bewusst oder unbewusst nachahmt, dann ist irgendwann der Punkt erreicht, an dem man einen Schritt weitergehen und beginnen kann, aktiv Veränderungen einzuleiten. Erreicht man diesen Punkt, weiß man, dass man eine große Übereinstimmung mit seinem Gegenüber erzielt hat.

Die innere Wahrnehmung

Um noch besser auf unser Gegenüber eingehen zu können, ist es von großem Vorteil zu wissen, wie derjenige Informationen aufnimmt und verarbeitet. Wir nehmen unsere Umwelt mit unseren fünf Sinnen wahr. Dabei bevorzugen wir kontextabhängig einzelne Sinneskanäle. Erzählt uns also jemand von einem beliebigen Ereignis, so kann es sein, dass man beginnt, sich das Gehörte hauptsächlich in Bildern vorzustellen. Es ist aber genauso möglich, dass man vor allem die Geräusche zu hören meint oder sich in die erzählte Situation hineinfühlt.

Sehen, Hören und Fühlen sind die drei wichtigsten Wahrnehmungswege, auf denen wir Informationen filtern. Daneben gibt es noch die Geruchs- und Geschmackseindrücke, welche wir im Folgenden vernachlässigen, da sie für die Kommunikation mit anderen sekundär sind. Grundsätzlich nutzt jeder Mensch alle Sinneskanäle. Auch wenn niemand nur das visuelle oder nur das auditive Sinnessystem verwendet, weist jeder Mensch eine Vorliebe für ein bestimmtes Wahrnehmungssystem auf. Von den visuellen Medien sind viele von uns in ihrer Wahrnehmung zwar visuell geprägt, jedoch können Töne und Gefühle in unserem Unterbewusstsein eine ebenso wichtige Rolle spielen.

Gelingt es uns nun, herauszufinden, welches Sinnessystem unser Gesprächspartner bevorzugt, können wir uns diesem anpassen. Der Gesprächspartner kann unsere Informationen so besser aufnehmen und verarbeiten.

Visuelle Menschen

Menschen mit ausgeprägtem visuellem Sinneskanal denken und sprechen in Bildern. Farben und Formen werden von ihnen bewusster wahrgenommen bzw. haben eine starke Wirkung auf sie. Sie konstruieren bildliche Vorstellungen. Die einzelnen Bilder im Kopf folgen sehr schnell aufeinander. Deswegen sprechen sie auch schneller als andere, wodurch sich ihre Stimme eher etwas nasal und höher anhört.

Visuelle Personen atmen vorwiegend aus der Brust heraus. Besonders gut erkennbar sind sie an ihren Gesten und ihrer Wortwahl. Sie gestikulieren viel mit Fingern und Händen und verwenden charakteristische Wörter wie:

abbilden	erkennen	sehen
anschauen	Fokus	trüb
ansehen	illustrieren	Überblick
Aussicht	Klarheit	vorstellen
beobachten	sichtbar	Vorstellung
betrachten	Schärfe	zeigen

Diese Liste könnte man noch erweitern. Wenn man genau zuhört, was der Gesprächspartner sagt, ist schnell zu erkennen, ob das Gegenüber das visuelle Sinnessystem bevorzugt. Typische Redewendungen sind folgende:

Davon kann ich mir ein Bild machen.
Ich kann mir vorstellen, dass …
Das ist mir noch unklar.
Ich sehe, was Sie meinen.
Das kommt mir etwas verschwommen vor.
Ich möchte davon einen Eindruck gewinnen.
Meiner Ansicht nach …
Es sieht so aus, als würde …

Vor meinem geistigen Auge sehe ich …
Ich kann mir ausmalen …
Es ist deutlich zu erkennen, dass …
Auf kurze Sicht …
Mir ist ein Licht aufgegangen.
Ich sehe das anders.
Kann ich mal einen Blick darauf werfen?

Auditive Menschen

Auditiv orientierte Menschen denken in gesprochenen Worten
und Sätzen, die sie ebenso als innere Stimmen hören können.
Dieser Wahrnehmungstyp kann besonders gut zuhören und ist
sensibel für äußere Geräusche und Stimmen. Er besitzt einen
großen Wortschatz und achtet ganz besonders darauf, wie er die
Worte wählt und welche er betont. Ihm ist es wichtig, wie etwas
gesagt wird. Daher spricht er langsam und in ausgeglichenem
Tempo. Durch seine gleichmäßige ruhige und entspannte Atmung klingt seine Stimme klar und voll. Äußerlich sind gefaltete
Hände oder verschränkte Arme ein Indiz für einen auditiven
Menschen. Gerne neigt er seinen Kopf leicht zur Seite und richtet sein Ohr zum Gesprächspartner. Dadurch signalisiert er, dass
er zuhört. Typische auditive Wörter sind:

anklingen	Gehör	sagen
argumentieren	hören	sprechen
diskutieren	Klang	Stimme
erörtern	lauschen	taub
erzählen	quatschen	Ton
flüstern	reden	vorschlagen

Auch diese Liste ist natürlich nach Belieben erweiterbar. Mit
Begriffen wie diesen kann man einen auditiven Gesprächspart-

ner besonders gut erreichen. Folgende Redewendungen sind außerdem typisch für auditiv veranlagte Menschen:

> Das klingt verständlich.
> Stimmt Wort für Wort.
> Das hört sich gut an.
> Erzählen Sie mir von …
> Davon habe ich noch nichts gehört.
> Ich werde mir Gehör verschaffen.
> Sie posaunen hier rum, dass …
> Er machte ihr eine Ansage.
> Leih mir mal dein Ohr.
> Der Motor schnurrt wie eine Katze.
> Um die Wahrheit zu sagen …
> Berichten Sie mir von …
> Der Ton macht die Musik.
> Da stoßen Sie bei mir auf taube Ohren.
> Stimmen wir uns auf den heutigen Tag ein.

Kinästhetische Menschen

Menschen, die besonders kinästhetisch veranlagt sind, leben in ihren Gefühlen. Wollen sie sich erinnern, suchen sie nach dem Gefühl, das die jeweilige Situation prägte. Der kinästhetische Typ will erleben, wie sich etwas anfühlt, und will die Dinge selbst ausprobieren und anfassen. Diese Gefühlserlebnisse sind die Grundlage für seine Reaktion und Wortwahl. Neben seinen Gefühlen achtet er besonders auf Bewegungen. Um zu kommunizieren, setzt er meist seinen ganzen Körper ein. Im Vergleich zu den visuellen und auditiven Menschen benötigt er lange, um die gewünschten Informationen abzurufen, und spricht daher viel langsamer. Auffällig sind lange Pausen zwischen den einzelnen Wörtern. Seine tiefe Bauchatmung erzeugt eine dunkle und wohlklingende Stimme, und der kinästhetische Mensch wirkt meist sehr entspannt. Für ihn sind folgende Begriffe kennzeichnend:

anfassen	erleben	nachvollziehen
auseinandersetzen	fassbar	sanft
Bauchgefühl	festhalten	Schock
einfühlen	fühlbar	spüren
eiskalt	greifbar	unbeweglich
empfinden	hart	zusammenkommen

Typische Redewendungen für kinästhetische Menschen sind:

Das werden wir in den Griff bekommen.
Ich kann nicht begreifen, dass …
Eiskalt abserviert.
Mein Bauchgefühl verrät mir …
Wir müssen die Karten auf den Tisch legen.
So eine Panikmache.
Das muss ich nachvollziehen können.
Das bereitet mir Kopfschmerzen.
Die haben alles auf den Kopf gestellt.
Wir setzen uns in Verbindung.
Ich kann Ihnen folgen.
Lassen wir es langsam angehen.
Ich bin begeistert.
Das renkt sich wieder ein.
Ich habe ein gutes Gefühl bei …

Wenn man darauf achtet, welcher der drei Sinnestypen der eigene Gesprächspartner ist, dann ist man in der Lage, viel besser auf ihn einzugehen und seine Sprache zu sprechen. Wichtig ist, dass man genau zuhört und einordnet.

Nehmen wir zum Beispiel an, ein visueller Typ trifft auf einen kinästhetischen. Der visuelle würde jetzt wahrscheinlich sein Gegenüber bitten, sich etwas vorzustellen. Zudem würde er dies in einem flotten Tempo mit vielen schnellen Gesten anschaulich darlegen. Vielleicht fragt er auch, ob sein Gesprächspartner das ähnlich sieht wie er selbst oder ob ihm das noch etwas verschwommen vorkommt. Der kinästhetische Typ wird jetzt jedoch Schwierigkeiten haben, überhaupt folgen zu können, da seine innere Wahrnehmung anders abläuft.

Passt sich aber der visuelle dem kinästhetischen Typ an, indem er ruhiger spricht, öfter Pausen setzt, entsprechende Wörter und Redewendungen verwendet, dann wird sein Gegenüber besser nachvollziehen können, was man ihm vermitteln will.

Sollte nicht sofort erkennbar sein, zu welchem Sinnestyp der Gesprächspartner tendiert, dann versucht man zunächst, über alle drei Kanäle zu kommunizieren. Meist lässt sich dann schnell herausfinden, auf welchen er besonders reagiert.

Was uns die Augen verraten

In meinen Vorträgen führe ich gelegentlich folgendes Experiment durch: Ein Zuschauer wählt aus drei verschiedenen und in einfachen und wenigen Worten gehaltenen Geschichten eine aus, jedoch so, dass ich nicht weiß, um welche es sich handelt. Ich bitte ihn dann, die Geschichte zu lesen und sich einzuprägen. Nun fordere ich den Zuschauer auf, sich an die soeben gelesene Geschichte zu erinnern. Dabei muss er sich voll und ganz auf den Inhalt des Gelesenen konzentrieren. Nach kurzer Zeit beschreibe ich dem Zuschauer, welche Geschichte er gewählt hat. Ein Zaubertrick? Hokuspokus? Übersinnliche Fähigkeiten? Keinesfalls, lediglich gute Beobachtung.

Die Geschichten sind vom Inhalt her grundverschieden. Jedoch ist jede in ihren Worten auf nur einen der drei primären Sinneskanäle ausgerichtet. So ist in der einen Geschichte etwas über den Eifelturm zu lesen. In der zweiten geht es darum, das Lieblingslied im Radio zu hören. In der dritten wird ein Erlebnis vermittelt und die damit verbundenen Gefühle.

Um nun herauszufinden, an welche Geschichte der Zuschauer gedacht hat, muss man ihn nur bitten, sich an das Gelesene zu erinnern, und seine Augen beobachten. Diese geben einen Hinweis, was der Zuschauer wahrnimmt.

Bei visuellen Eindrücken bewegen sich die Augen im oberen Bereich. Erinnert sich das Gegenüber an Bilder, die es real gesehen hat, so wandern seine Augen in der Betrachterperspektive nach oben rechts. Beginnt man aber, Bilder zu konstruieren, dann bewegen sich die Augen nach oben links. Blickt das Gegenüber ins Leere oder starrt geradeaus, so ist dies ein Hinweis darauf, dass er innerlich einen Film ablaufen lässt. Manche Menschen schließen sogar die Augen, wenn sie sich etwas vorstellen.

Visuell erinnert

Visuell konstruiert

Visuell starren

Wenn sich die Augen im mittleren Bereich bewegen, erfolgt die Wahrnehmung auditiv. Wandern die Augen des Gegenübers nach rechts, ruft es Töne und Geräusche aus seiner Erinnerung ab. Nach links gerichtete Augen bedeuten, dass Töne und Geräusche innerlich konstruiert werden. Anders bewegen sich die Augen, wenn man mit sich selbst spricht. Dann wandern die Augen nach unten rechts.

Auditiv erinnert

Auditiv konstruiert

Auditiv internal

Blicken die Augen kurz nach links unten, so spielen Gefühle eine Rolle. Eine solche Blickrichtung bedeutet, dass Gefühle abgerufen und ausgelöst werden.

Kinästhetisch

Diese Augenbewegungen geschehen unbewusst und sind meist nur für einen kurzen Moment gut zu erkennen.

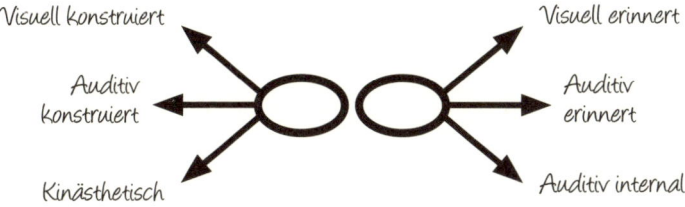

Visuell konstruiert   Visuell erinnert

Auditiv konstruiert   Auditiv erinnert

Kinästhetisch   Auditiv internal

Diese Übersicht hilft dabei, die Wahrnehmung des Gegenübers zu deuten. Bei manchen Menschen sind die Zugangshinweise seitenverkehrt. Das lässt sich leicht herausfinden, indem man zum Beispiel nach einer visuellen Erinnerung fragt, wie zum Beispiel nach der Farbe seines Autos. Wird der Blick dabei nach links oben gerichtet, so sind die Zugangshinweise wahrscheinlich seitenverkehrt.

Wozu sind diese Informationen überhaupt nötig? Es erleichtert die Kommunikation, wenn man weiß, über welchen Kanal oder mit welchen Beispielen man sein Gegenüber erreicht. Dadurch wird Übereinstimmung erzielt. Man erkennt auf diese Weise, wie der Gesprächspartner tickt, und kann sich so in seiner Gedankenwelt bewegen.

An den Augenzugangshinweisen lässt sich beobachten, ob der Gesprächspartner den eigenen Worten folgen kann. Wenn man ihn zum Beispiel auffordert, sich etwas bildhaft vorzustellen, und er blickt dann nach unten, so muss man den Zugang wechseln, um ihn zu erreichen.

Die Zugangshinweise über die Augen ermöglichen aber auch, die Gedanken des Gesprächspartners direkt auszusprechen. Beobachtet man z. B., dass er gerade nach oben blickt, dann kann man sagen: »Vermutlich können Sie sich das schon vorstellen.«

TEIL II
Gedanken entschlüsseln

Vielleicht waren Sie auch schon einmal fasziniert von einem Gedankenleser im Fernsehen oder live auf der Bühne. Solch ein »Wundermann« weiß Dinge, die er eigentlich gar nicht wissen kann, und wir fragen uns jedes Mal, wie er das wohl macht. Besitzt er übersinnliche Fähigkeiten, oder ist alles nur ein guter Trick, mit dem er uns täuscht? Worin liegt sein Geheimnis? Eines kann ich Ihnen vorab versichern: Diese Vorführungen haben nichts mit irgendwelchen übernatürlichen Kräften zu tun. Trotzdem erzeugt der Gedankenleser die Illusion, er könne die Gedanken fremder Menschen lesen. Und er beeindruckt uns damit. Was steckt nun hinter den vermeintlichen Wundern? Recht einfach: Es sind verschiedene Kommunikationstechniken, die den Eindruck vermitteln, man wüsste alles über eine Person, obwohl uns diese völlig unbekannt ist. Dabei geht es zum einen um genaues Beobachten, zum anderen um Menschenkenntnis und Intuition. Schauen wir also hinter die Kulissen der Mentalisten.

Beobachten und Schlussfolgern

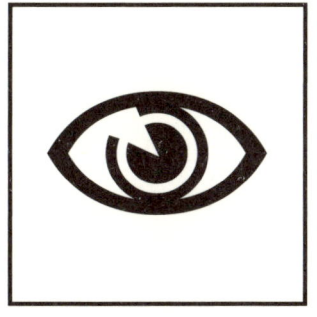 Einmal fragte mich ein Verkäufer, ob ich nicht einen Tipp für ihn hätte. Sein Problem war, dass er seine Produkte dem Kunden zwar sehr gut präsentieren konnte, aber trotzdem nur wenig verkaufte. Er war der Meinung, dass das Produkt an sich eigentlich ausreichen müsste, um den Kunden zu überzeugen, und verstand daher nicht, warum er oft nicht zum Abschluss kam.

Ich riet ihm, in Zukunft den Kunden und sein Umfeld stärker zu beobachten und darauf einzugehen. So machen es auch Mentalisten. Sie nehmen ihre Umgebung ganz bewusst wahr. Sie achten auf die kleinsten Details beim Gegenüber und sehen, was andere nicht sehen.

Ein paar Wochen später erhielt ich von diesem Verkäufer eine Mail. Darin bedankte er sich für meinen Rat und berichtete mir von einem erfolgreichen Geschäftsabschluss. Ausschlaggebend für seinen Erfolg war, dass er nicht wie sonst sofort mit der Präsentation begann, sondern versuchte, zunächst so viel wie möglich im Büro des Kunden wahrzunehmen. Dabei entdeckte er ein Bild, auf dem sein Gegenüber mit einer Segelyacht zu sehen war. Außerdem hing an der Wand ein Brett mit verschiedenen Seemannsknoten. Daher lenkte der Verkäufer zuerst das Gespräch auf das Segeln, und dem Kunden war es eine Freude, über seine Segeltörns zu erzählen. Durch aufmerksames Zuhören und Nachfragen signalisierte der Verkäufer Interesse. Es gelang ihm, Sympathie zu erzeugen. In der Folge war der Kunde eher bereit, Informationen das Geschäft betreffend preiszugeben. Dem Verkäufer fiel es leichter, sein Produkt an den Mann zu bringen.

Augen und Ohren offen halten

Ähnlich geht auch der Meisterdetektiv Sherlock Holmes vor, der das analytisch-rationale Denken verkörpert. Seine besonderen Fähigkeiten liegen darin, Menschen und Situationen schnell und detailgetreu wahrzunehmen, um daraus Schlussfolgerungen zu ziehen und sein Gegenüber einzuschätzen.

In »Der blaue Karfunkel« zog Holmes zum Beispiel aus einem alten Filzhut Schlussfolgerungen über dessen Besitzer. Der Hut war von sehr guter Qualität und geschätzt drei Jahre alt. Daher ging Holmes davon aus, dass der Besitzer vor circa drei Jahren wohlhabend gewesen sein musste, da sich nicht jeder so einen Hut leisten konnte. Gegenwärtig schien es ihm aber finanziell nicht mehr so gut zu gehen wie damals, da er sich sonst schon längst einen neuen Hut gekauft hätte. Ferner entdeckte Holmes Flecken auf dem Hut. Diese versuchte der Besitzer mit Tinte zu kaschieren. Dies zeigte Holmes, dass er Wert darauf legte, trotz der schlechten Zeiten sein Ansehen zu wahren. Neben den Flecken fiel ihm Hausstaub auf dem Hut auf. Offenbar ging diese Person nur selten aus dem Haus. Die Schweißflecken, die im Inneren des Hutes zu erkennen waren, deuteten darauf hin, dass der Mann schnell schwitzte. Ein Indiz dafür, dass seine körperliche Verfassung nicht die beste war. An ein paar kurzen grauen Haaren im Hut erkannte er, dass die Person ergraut sein musste und vermutlich erst vor kurzem beim Friseur war. Wie sich später herausstellte, lag Holmes mit all seinen Vermutungen richtig.

Sicherlich ist Sherlock Holmes nur eine Romanfigur, und seine Fälle sind rein fiktiv. Sie zeigen jedoch eine interessante Denk- und Herangehensweise. Jeder Mensch sendet nämlich bewusst und auch unbewusst Informationen über sich selbst aus. Erkennt man diese Hinweise, erfährt man viel über seinen Gesprächspartner. Man muss sein Gegenüber mit Blicken geradezu sezieren. Folgend einige sehr auffällige Beispiele.

Bemerkt man der Begrüßung, dass die Hände rau sind, geht die Person vermutlich einer harten körperlichen Arbeit nach. Im Büro arbeitende Menschen besitzen hingegen eher weichere und feinere Hände. An den Nägeln kann man erkennen, ob jemand reinlich ist oder ob er dazu neigt, schnell nervös zu werden. Dann wären seine Nägel abgekaut. Vielleicht sind die Nägel aber auch perfekt manikürt, was zeigt, dass dieser Mensch viel Wert auf sein Aussehen legt. Auch der Körperbau gibt Aufschluss über eine Person. Ist sie durchtrainiert und sieht aus, als gehe sie regelmäßig ins Fitnessstudio, dann sind ihr das körperliche Erscheinungsbild und die Gesundheit wichtig. Ist eine Person gebräunt, kann das zum einen bedeuten, dass sie oft ins Solarium geht, es kann aber auch sein, dass sie erst kürzlich im Urlaub war. Beides bedeutet, dass die Person sich diesen Lebensstil leisten kann.

Ebenso erzählen Symbole und Kleidung viel über einen Menschen, zum Beispiel können Anstecker Aufschluss geben über Vereine, Unternehmen oder Parteien, denen jemand nahesteht. Man kann also wertvolle Informationen über eine Person gewinnen, wenn man die Bedeutung des Symbols kennt, das sie trägt. An einem Ehering kann jeder schnell den Familienstand ausmachen. Ein schlichter Kreuzschmuck deutet wahrscheinlich auf den Glauben hin.

Grundsätzlich sagt man aber auch schon mit seiner Kleidung

viel über sich aus. Ich bin einmal einer Frau begegnet, die ein T-Shirt mit der Aufschrift »Ich bin solo und das ist gut so« trug. Daraus zu schlussfolgern, dass die Person derzeit keine Beziehung führt und auf Männer nicht gut zu sprechen ist, war nicht all zu schwer.

Vor allem im Business-Bereich tragen die meisten Männer einen Anzug. Man will sich anpassen und gibt dadurch weniger von sich preis. Beim genauen Hinschauen erkennt man schnell, wer sich im Anzug wirklich wohl fühlt und für wen dieses Kleidungsstück nur eine Fassade darstellt. Aber auch bei Anzügen ist die Spannweite groß. Teure Manschettenknöpfe zeigen zum Beispiel, dass es der Person wichtig ist, einen gewissen Status zu demonstrieren. Andere Accessoires wie Schmuck, Uhren und Sonnenbrillen, aber auch Smartphones und Notebooks können Aufschluss darüber geben, ob eine Person materialistisch eingestellt ist oder nicht. Diese Dinge dienen auch dazu, zu demonstrieren, was man sich leisten kann. Bei Schmuck sollte man zwischen echtem und Modeschmuck unterscheiden können, um nicht auf eine falsche Fährte zu gelangen.

Auf manchen Veranstaltungen oder auch im Berufsalltag bestimmter Branchen tragen die Menschen kleine Namensschilder. Einige vergessen das und sind dann überrascht, wenn man sie mit Namen anspricht. So wirkt ein Gespräch gleich viel vertrauter, und das Gesagte bekommt eine größere Bedeutung.

Obwohl mir das durchaus bewusst ist, habe ich so eine Situation selbst erlebt. Ich stand am Empfangstresen im Fitnessstudio. Dort muss man seine Mitgliedskarte vorzeigen, um hineingelassen zu werden. Meistens wünscht die Empfangsdame dann noch viel Spaß beim Training. Aber dieses Mal sagte sie: »Viel Spaß, Norman!« Damit hatte ich nicht gerechnet. Ich war perplex, woher sie meinen Namen wusste. Kannten wir uns vielleicht? Dann fiel mir ein, dass mein Name beim Scannen der Karte auf ihrem Bildschirm angezeigt wird. Das »Viel Spaß« wirkte mit der Ergänzung meines Namens viel direkter und persönlicher. Weil ich damit überhaupt nicht gerechnet hatte, war der Effekt umso stärker.

Es gilt also, Augen und Ohren offen zu halten. Kann man z. B. während des Gesprächs einen Akzent oder Dialekt heraushören? Benutzt der Gesprächspartner bestimmte Worte häufiger, und haben diese einen Bezug zu einem bestimmten Beruf oder Hobby?

Zusammengefasst dienen also alle Informationen, die man mit seinen Sinnen aufnimmt, dazu, ein genaueres Bild von einer Person zu gewinnen. Dies ist oft einfacher als gedacht. Dabei geht es keinesfalls um Bewertungen oder Indiskretionen, sondern darum, dass man herausfindet und dann ausspricht, was dem anderen wichtig ist.

Sinne schärfen

Eigenschaften und Reaktionen des Gegenübers sowie die Gesprächssituation können nur bewusst wahrgenommen werden, wenn man all seine Sinne dazu nutzt. Oftmals richtet man nämlich die Wahrnehmung nur in eine Richtung und bemerkt dann nicht mehr, was rechts und links passiert.

In meinen Vorträgen zeige ich das in folgendem Experiment. Ich gebe meinem Publikum 30 Sekunden Zeit, um sich im Raum umzuschauen. Dazu erhalten die Zuhörer die Aufgabe, sich möglichst viele Dinge zu merken, die grün sind. Nach den 30 Sekunden bitte ich sie, sich folgende Frage zu beantworten: »Welche Dinge haben Sie gesehen, die rot sind?« Dabei dürfen sie sich aber nicht noch einmal umdrehen. Sie sollen versuchen, diese Frage aus dem Gedächtnis zu beantworten. Interessanterweise fällt fast niemandem etwas Rotes ein. Woran liegt das? Es hatten sich doch alle im Raum umgeschaut. Somit hätte jeder neben den grünen Dingen auch die roten sehen können. Genau hier muss man nun unterscheiden: Die grünen Dinge wurden ganz bewusst wahrgenommen. Die volle Konzentration und Aufmerksamkeit waren darauf gelenkt. Dadurch wurde alles andere, darunter auch die roten Dinge, nur noch unbewusst wahrgenommen.

Um mehr zu sehen, gilt es die Scheuklappen abzulegen und die Wahrnehmung zu erweitern. Allein dadurch, dass man die Perspektive verändert, kann man schon viel mehr entdecken als vorher. Erst wenn man seine volle Aufmerksamkeit dem Gegenüber und der aktuellen Situation schenkt, kann man auf alles eingehen, was passiert, und damit effektiv kommunizieren.

Wahrnehmung heißt aber nicht nur sehen. Um mehr wahrzunehmen, sollte man alle fünf Sinne einsetzen und diese auch trainieren. Dazu nutze ich folgende einfache Übung:

Zuerst konzentriere ich mich auf alles, was ich um mich herum sehe. Auf die Details, die man sonst schnell übergeht, achte ich besonders. Ich schaue genau hin und richte meine volle Aufmerksamkeit auf das, was ich sehe. Schnell entdecke ich nun Dinge, die mir vorher gar nicht so bewusst waren. Ich konzentriere mich nun für kurze Zeit auf alle visuellen Eindrücke, wie Farben, Formen und Kontraste.

Anschließend wechsle ich in die auditive Wahrnehmung und konzentriere mich auf alles, was ich um mich herum hören kann. Meine akustische Wahrnehmung ist sowohl auf die nahen Geräusche als auch auf die entfernteren ausgerichtet. Wieder nehme ich mir kurz Zeit, um alle akustischen Signale aufzunehmen.

Nach der visuellen und auditiven Wahrnehmung komme ich zu dem, was ich fühle. Ich richte meine Aufmerksamkeit auf meinen gesamten Körper und mache mir bewusst, was ich gerade an welchen Körperstellen spüre.

Zum Schluss bleibt noch das Riechen und Schmecken. Um auch hier Eindrücke zu gewinnen, atme ich tief ein und versuche, die Luft um mich herum aufzusaugen. Dadurch ist es möglich, auch kleine Duftnuancen zu erkennen.

Diese Übung kam mir anfangs merkwürdig vor. Später entdeckte ich, dass etwas ganz Simples dahinter steckt. Man wird sich der Umgebung bewusst und beginnt, sie besser wahrzunehmen. Wiederholt man die Übung regelmäßig, bemerkt man, wie sich die Wahrnehmung verbessert und dass man nun im Gespräch schneller Details bemerkt, die einem vorher nie aufgefallen wären.

Aus Situationen schlussfolgern

Um auf Gedankengänge des Gesprächspartners schließen zu können, ist es wichtig, die Rahmensituation im Auge zu behalten. Aus dem, was um uns herum passiert und was auf uns einwirkt, kann man auf die Gedanken des Gegenübers schließen.

Wenn ich z. B. im Vortrag meinem Publikum etwas Spannendes erzählt habe und anschließend die Frage stelle: »Vermutlich fragen Sie sich nun, was als Nächstes kommt?«, dann werde ich damit bei fast jedem richtig liegen. Spätestens dann, wenn ich den Satz ausgesprochen habe, stellt sich das Publikum dieselbe Frage. Das ist, als würde ich jemanden bitten, bloß nicht an die Farbe Rot zu denken. Was passiert? Genau diese Farbe sehen wir sofort in unseren Gedanken. Indem ich also die Frage ausspreche, bringe ich mein Gegenüber dazu, selbst darüber nachzudenken. Gleichzeitig spreche ich diesen Gedanken selbst aus und signalisiere, dass ich weiß, was er denkt.

Das war ein einfaches Beispiel. Wenn man sich jedoch im Vorfeld überlegt, was eine Person in der bevorstehenden Situation denken und welche Erwartungen sie haben könnte, dann kann man genau diese Gedanken aussprechen.

Wenn ich beispielsweise auf einer Messe auf eine fremde Person zugehe, stelle ich mich mit meinem Namen vor. Danach sage ich: »Vermutlich bin ich Ihnen unbekannt.« Damit habe ich schon den ersten Treffer erzielt. Denn diese fremde Person kennt mich tatsächlich nicht. Aber der Gedanke »Kenne ich den?« geht ihr dennoch sehr wahrscheinlich bewusst oder unbewusst durch den Kopf, sobald ich auf sie zutrete. Wenn die Person nun auch noch fragend schaut, dann ist das ein klares Zeichen dafür, dass sie sich gerade wirklich fragt: »Wer ist denn das?« Ich spreche also ihren Gedanken aus und warte die Reaktion ab. Als nächstes sage ich nun zu ihr: »Da kommt jemand auf Sie zu, spricht Sie an, und vermutlich fragen Sie sich, was ich von Ihnen will«, und warte wieder auf ihre Reaktion.

Was habe ich getan? Ich habe das, was die Person in dieser Situation gerade erlebt hat, mit meinen Worten kurz beschrieben und daraus geschlussfolgert.

In Verkaufssituationen kann diese Vorgehensweise besonders hilfreich sein. So erwarten die meisten Kunden erfahrungsgemäß eine Präsentation des Produktes durch den Verkäufer. Der Verkäufer kann nun diesen Gedanken an den Anfang seines Gesprächs setzen, indem er z. B. sagt: »Sie erwarten jetzt von mir, dass ich Ihnen etwas präsentiere.«

Auch Einwände oder Vorurteile können dadurch abgemildert werden. Hat die Branche ein negatives Image, kann man das direkt ansprechen. Damit lässt man seinem Gegenüber keine Chance, den Einwand selbst vorzubringen. Über einen Verkäufer denkt man beispielsweise oft, dass er einem nur etwas aufschwatzen will und gar nicht wirklich am Kunden interessiert ist. Der Verkäufer kann nun zu Beginn des Gesprächs diesen Gedanken wie folgt aufgreifen: »Vielleicht haben Sie schon mal schlechte Erfahrungen mit Verkäufern gemacht. Dabei hatten Sie das Gefühl, dass die Ihnen nur was verkaufen wollten und auf ihre eigene Provision bedacht waren.« Der Kunde wird dies bestätigen, und der Verkäufer kann nun wie folgt fortfahren: »Dabei ist es doch viel wichtiger, dass Ihre Interessen im Vordergrund stehen.«

Körpersprachliche Signale

Viele Menschen glauben, Gedankenlesen beruhe ausschließlich auf dem Analysieren und Deuten der Körpersprache. Demnach müsste man ständig die Körpersprache seines Gegenübers beobachten und bei jeder kleinsten Veränderung alle Möglichkeiten der Deutung gegeneinander abwägen, um schlussendlich dessen Gedanken ableiten zu können.

Dies ist in der Praxis nicht immer möglich, da sich Körpersprache nicht allgemein bindend deuten lässt: Manche Arm- oder Handhaltung kann unterschiedliche Dinge aussagen. So nimmt das Analysieren und Deuten der Körpersprache einige Zeit in Anspruch. Betreibt man es zu akribisch, läuft man Gefahr, mit seiner Aufmerksamkeit vom eigentlichen Gespräch abzuschweifen und sich vielleicht sogar in eigenen Überlegungen zu verlieren. Dies wäre in geschäftlichen Gesprächen bestimmt nicht zielführend.

Dennoch kann die Körpersprache wertvolle Hinweise bieten, die einfach zu entdecken sind, wenn man menschliche Verhaltensweisen zu beobachten weiß. Es ist hilfreich, folgende Signale zu kennen, da sie häufig in Meetings und Gesprächen auftreten und auf bestimmte Gedankengänge schließen lassen.

Auf die Lippen beißen

Beißt sich jemand auf die Lippen, zeigt dies, dass er zu verhindern versucht, überstürzt etwas auszusprechen, was er eigentlich nicht sagen will. Ein Zeichen, das entweder Verlegenheit oder ein geringes Selbstbewusstsein signalisiert. Je nach Situation kann man nun daraus schließen, was das Gegenüber gerade denkt und empfindet. Wurde er zum Beispiel bei etwas Peinlichem ertappt, bedeutet das Beißen auf den Lippen, dass er nach Worten sucht und nicht weiß, wie er sich ausdrücken soll. Gibt man ihm nun etwas, das er bejahen kann, fällt es ihm leichter, seine wahren Gedanken zu äußern. Eine mögliche Reaktion wäre also: »Ich kann verstehen, dass Ihnen das unangenehm ist und Sie nicht wissen, wie Sie das erklären sollen.« Oder man wechselt das Thema, wenn es hilfreicher erscheint, die Situation zu umgehen.

Schlucken

Schlucken ist ebenso ein Hinweis darauf, dass man sich ertappt oder durchschaut fühlt und unter Druck gerät. Indem man schluckt, will man das, was passiert ist, einfach verschwinden lassen, eben runterschlucken. Ein unbewusster Versuch, unangenehmen Situationen zu entkommen. Auch hier gibt es verschiedene Wege, die Situation aufzulösen.

Zusammengepresste Lippen

Das Zusammenpressen der Lippen ist eine Sperre. Das Gegenüber weigert sich, eine Information aufzunehmen, weil es vielleicht auf seiner eigenen Meinung beharrt und sich nicht auf neue Dinge einlassen will. Bemerkt man diese Reaktion, zum Beispiel in einem Verkaufsgespräch, kann man den Gedanken des Gegenübers aussprechen, indem man sagt: »Ich glaube, Sie stimmen mir nicht ganz zu« oder »Vermutlich sehen Sie das anders«.

Hand an der Wange

Wenn jemand seine Hand an die Wange legt, deutet das darauf hin, dass er das Geschehen oder das Gehörte vorsichtig bewertet. Er macht sich also über die gegenwärtige Situation Gedanken. Der Aussage »Ich kann verstehen, dass Sie sich das erst überlegen müssen« wird er sehr wahrscheinlich zustimmen.

Kinn reiben

Diese Reaktion besagt Ähnliches. Der Unterschied besteht jedoch darin, dass jetzt ein Entscheidungsprozess stattfindet. Oftmals folgen beide Bewegungen aufeinander. Die Hand wird dann zuerst auf die Wange gelegt und gleitet dann langsam zum Kinn herunter. Manchmal wird die Geste durch ein »Hmm …« oder ein leichtes Schnaufen unterstützt. Die Äußerung »Es ist Ihnen wichtig, alle Aspekte zu berücksichtigen, bevor Sie eine Entscheidung treffen« trifft es in diesem Fall gut.

Hände auf die Hüften

Werden die Hände auf die Hüften gestützt, hat dies oft mit Aggressivität zu tun. Meist wird dabei der Kopf zurückgelegt und die Hüfte nach vorn geschoben. Diese Haltung stabilisiert und lässt einen breiter erscheinen, da die Ellenbogen ausgefahren werden. Im übertragenen Sinn bedeutet das, man ist jetzt gewappnet und bereit zu kämpfen. Zum einen kann jemand mit auf die Hüften gestützten Händen eine andere Person herausfordern, zum anderen kann es sein, dass sie mit einem (verbalen) Angriff rechnet und durch ihre Haltung signalisiert, dass sie keinen Millimeter nachgeben wird. Hier gilt es genauer zu beobachten. Ist Ersteres der Fall, muss jeder für sich selbst entscheiden, inwiefern er sich auf diese Situation einlässt. Beim zweiten Fall, der entstehen kann, wenn man etwa jemanden mit einer Veränderung konfrontiert und dieser daraufhin seine Hände in die Hüfte stützt, weiß man, dass die Person nur schwer von ihrem Standpunkt abrücken wird. Um die Anspannung aufzulösen, ist es sinnvoll, auf ihn einzugehen und Verständnis zu zeigen, indem man zum Beispiel sagt: »Vermutlich würde ich genau so reagieren wie Sie.«

Klammernde Hände

Umklammert der Gesprächspartner die Armlehne des Stuhls, die Tischkante oder Gegenstände auf dem Tisch, ist dies ein Hinweis darauf, dass er verängstigt ist. Um die Unsicherheit zu unterdrücken und Halt zu gewinnen, greift er nach etwas, woran er sich festhalten kann. Die Angst kann verschiedene Ursachen haben. Solang man nicht weiß, woher sie rührt, sollte man Sicherheit und Ruhe ausstrahlen und sich dann langsam an die Hintergründe herantasten.

Trommelnde Finger
Wenn jemand mit seinen Fingern auf dem Tisch trommelt, ist das ein klares Signal für Ungeduld. Es geht ihm einfach zu langsam, und er würde die Situation gerne beschleunigen. Diese Bewegung kann auch durch wippende Füße oder Hin- und Herrutschen auf dem Stuhl ergänzt werden. Je nach Situation sind die Ursachen unterschiedlich. Bei einer Präsentation kann er sich z. B. wünschen, dass man schneller zum Ende kommt. Die Aussage »Ich glaube, das geht Ihnen zu langsam. Lassen Sie uns gleich zum Punkt kommen.« trifft dann ins Schwarze.

Nase berühren
Sich an der Nase zu berühren oder zu kratzen, gilt als Zeichen für eine Lüge. Beim Lügen erhöht sich der Blutdruck, und chemische Botenstoffe werden im Körper freigesetzt. In der Folge schwellen die Nasenschleimhäute an, was zum Juckreiz führt. Nasenkratzen muss aber nicht immer auf eine Lüge hinweisen. Sonst müsste man ja jeden, der Schnupfen hat, verdächtigen. Bei einer Lüge wiederholt sich das Jucken meist öfter. Man sollte aufmerksam werden, wenn man diese Bewegung wahrnimmt. Sie ist oft beiläufig und nur minimal erkennbar. Jetzt gilt es, den Druck etwas zu erhöhen und genauer nachzufragen. Je nach Situation bemerkt man dann, ob man angelogen wird oder der Gesprächspartner die Wahrheit sagt.

Augen reiben
Kinder haben den Reflex, die Augen mit den Händen zu verdecken, wenn sie etwas nicht sehen wollen. Auch im Erwachsenenalter lässt sich dieses Verhalten beobachten. Allerdings ist es hier nicht so stark ausgeprägt. Man verdeckt die Augen nicht vollständig, sondern reibt nur leicht mit der Hand im Auge. Es zeigt,

dass der Gesprächspartner zweifelt. Eine passende Aussage wäre: »Sie sind sehr kritisch und können noch nicht ganz glauben, was ich sage.«

Nase kneifen

Diese Geste unterscheidet sich vom Berühren der Nase beim Lügen. Der Kopf wird leicht gesenkt, und die Finger kneifen in den Nasenrücken. Oft werden dabei die Augen geschlossen. Diese Reaktion kann sehr kurz sein und zeigt, dass der Gesprächspartner das, was gerade passiert oder worüber gesprochen wurde, negativ bewertet. Die geschlossenen Augen zeigen, dass sich das Gegenüber stärker auf die innere Wahrnehmung konzentriert. Um die Gedanken des Gegenübers aufzugreifen, können Sie die Situation offen ansprechen: »Ich vermute, Sie sind unzufrieden.«

Am Ohr ziehen

Ein Zeichen für Unentschlossenheit ist es, sich am Ohr zu ziehen. Dabei wird der Kopf meist leicht gesenkt. Lässt man sein Gegenüber z. B. aus mehreren Optionen eine wählen und bemerkt dann, dass er sich am Ohr zieht, ist sich der Gesprächspartner mit hoher Wahrscheinlichkeit unsicher. Folgende Worte beschreiben die Gedanken des Gegenübers wahrscheinlich gut: »Sie fühlen sich hin und her gerissen und wissen noch nicht, wie Sie sich entscheiden sollen.« Erzählt man seinem Gegenüber aber etwas und es zieht sich dabei am Ohr, bedeutet das oft, dass er genug gehört hat und gerne etwas dazu sagen möchte.

Blick zu Boden

Wenn jemand im Gespräch immer wieder auf den Boden schaut und den Augenkontakt scheut, zeigt das, dass er den vorgetragenen Ideen eher ablehnend begegnet. Oftmals kann man auch Anzeichen von Angst erkennen. Stellt man beim Gesprächspartner diese Reaktion fest, nachdem man ihm einen Vorschlag unterbreitet hat, hilft es zu sagen: »Ich kann verstehen, dass es manchmal nicht leicht ist, sich auf etwas Neues einzulassen.« Nun kann man vorsichtig herausfinden, warum das Gegenüber so skeptisch gegenüber dem Vorschlag ist.

Das Beobachten dieser körpersprachlichen Signale ist nur ein Weg, um mehr über die Gedanken des Gesprächspartners zu erfahren. Deshalb sollte man nicht extra nach ihnen suchen, sondern vielmehr auf sie eingehen, wenn man sie wahrnimmt. Andernfalls läuft man Gefahr, andere wichtige Hinweise zu übersehen oder sich gar in einer »Körpersprachenanalyse« zu verlieren.

Angeln

Das Angeln nach Informationen ist eine effektive und wertvolle Technik, um die Gedanken seines Gegenübers zu entschlüsseln. Besonders dann, wenn man schon eine gute Beziehung zum Gesprächspartner aufgebaut hat, beginnt dieser meistens von selbst, mehr über sich zu erzählen.

Diese Technik ist quasi eine Befragung. Allerdings erhält der »Befragte« nicht den Eindruck, dass er auf Fragen antwortet, sondern hat im Gegenteil das Gefühl, verstanden zu werden. Durch das Angeln bringt man ihn dazu, freiwillig mehr über sich zu erzählen.

Angeln funktioniert recht simpel. Statt dem Gesprächspartner eine Frage zu stellen, formuliert man diese als Aussage, stellt sie in den Raum und wartet dann auf seine Reaktion. Daran erkennt man, ob die Aussage richtig war und wie man weiter vorgehen muss.

Macht man dies geschickt, überlegt der Gesprächspartner von selbst, wie die Aussage gemeint sein könnte, und stellt den Zusammenhang her. Dabei wird es ihm nicht auffallen bzw. er wird vergessen, dass er es selbst war, der die Informationen lieferte. Diese Rückkopplung nutzt man, um eventuell falsche

Aussagen zu verändern bzw. um richtige Aussagen zu bestätigen und zu verstärken, indem man an dieser Stelle »weiterangelt«. Dadurch erweckt man den Eindruck, schon vorher alle Informationen über seinen Gesprächspartner und seine Gedanken gekannt zu haben.

Feedback provozieren

Der erste Teil beim Angeln besteht darin, eine Frage als Aussage zu formulieren. Hierbei muss man aufpassen, dass man sich nicht zu früh festlegt. Es ist ähnlich wie das Würzen beim Kochen. Vorsichtig gibt man Pfeffer, Salz und andere Gewürze hinzu, schmeckt ab und würzt nach, bis man schließlich zufrieden ist. Würzt man gleich zu Anfang zu kräftig, kann man nicht mehr zurück und das Essen ist versalzen. Mit den Aussagen beim Angeln verhält es sich genauso. Man sollte sie so formulieren, dass man sich immer noch einen anderen Weg offen hält, und zwar so lange, bis man die Aussicht auf einen sicheren Treffer hat. Erst dann würzt man nach bzw. trifft weitere Aussagen. Auf diese Weise deutet man Dinge an und nähert sich schrittweise dem Kern. Wird man zu früh zu konkret, hat man nur noch wenige Chancen, aus einem Flop einen Treffer zu machen.

Beobachtet man beispielsweise, dass das Gegenüber zögerlich und zurückhaltend ist, wenn man ihm gerade etwas präsentiert, kann man Folgendes sagen: »Ich habe das Gefühl, dass Sie noch nicht so richtig zufrieden sind.« Damit habe ich weder einen Grund genannt, noch habe ich einen harten Fakt wie »Sie sind unzufrieden« ausgesprochen.

Um sich auch bei zeitlichen Angaben nicht festzulegen, kann man anstatt eines festen Datums Begriffe wie »kürzlich« oder »in naher Zukunft« nutzen. Das Wort »kürzlich« kann bedeuten, dass etwas vor ein paar Tagen passiert ist, für andere ist es aber auch ein paar Wochen oder sogar noch länger her. Es ist wie eine

Art Gummiband, das sich unser Gegenüber auf die richtige Länge zieht. Genauso ist es mit »in naher Zukunft«. Das kann schon morgen, aber auch erst in einer Woche, einem Monat oder einem Jahr bedeuten. Weitere »Gummiband«-Worte sind »bald«, »in der Vergangenheit«, »vor kurzem«, »in der Zukunft« und »eine Weile«.

Neben den ungenauen zeitlichen Aussagen ist es ebenso von Vorteil, geschlechtsspezifische Wörter zu vermeiden. Je neutraler man sich zu Anfang verhält, desto besser kann man im Verlauf des Gesprächs auf seinen Gesprächspartner eingehen.

Um eigene Aussagen abzumildern, kann man neben einer vagen Formulierung auch gut den Konjunktiv einsetzen. Durch Worte wie »vielleicht« oder »möglicherweise« legt man sich auf nichts fest und kann später, sollte man danebenliegen, besser einlenken. Weitere gute Einleitungen dazu sind:

»Ich habe das Gefühl, dass …«
»Ich empfinde …«
»Es scheint mir so, als …«
»Ich habe den Eindruck, dass …«
»Es ist, als würde …«

Es gibt Situationen, in denen kann es hilfreich sein, einfach zu raten. Man darf dabei nur keine Angst haben, sich zu irren. Wenn man sich gut überlegt, was gerade am wahrscheinlichsten passt, und dazu eine Vermutung ausspricht, kann man sehr gute Treffer erzielen. Natürlich sollte man seine Vermutungen abwägen und schließlich nur die aussprechen, die mit hoher Wahrscheinlichkeit zutreffen.

Hat man eine im besten Fall durch Fakten gestützte Vermutung, ist es ein sehr guter Gesprächseinstieg, diese zu äußern und sich dabei auf sein Glück zu verlassen. Denn trifft diese Aussage zu, erzielt man sofort einen Treffer, der perfekt sitzt, und die folgenden Aussagen werden viel eher akzeptiert werden. Die Antworten des Gegenübers werden dadurch auch klarer und offener ausfallen, und daraus kann man wiederum weitere Schlussfolgerungen ziehen.

Auch wenn man daneben liegt, gibt es Möglichkeiten, die Aussage in einen Treffer zu verwandeln und weiter zu angeln.

Hat man eine Aussage ausgesprochen, ist es sehr wichtig, eine Pause zu machen und nichts mehr zu sagen oder zu tun. Dadurch erzeugt man einen leichten Druck auf sein Gegenüber. Wenn man jetzt selbst weiterspricht oder sich unruhig bewegt, löst sich der Druck beim Gesprächspartner. Daher sollte man sich in dieser Situation am besten kurz »einfrieren«. Das Gegenüber wird dem Druck nachgeben und eine Reaktion zeigen, sodass man ein Feedback bekommt. Erst dann fährt man fort.

Feedback erhalten

Hat man die Aussage formuliert und anschließend eine Pause gesetzt, folgt fast immer ein Feedback darauf. Grundsätzlich gibt es drei Möglichkeiten, die eintreten können. Im ersten und besten Fall ist die Aussage richtig. Im zweiten Fall stimmt die Aussage nur teilweise, oder man liegt knapp daneben. Die dritte Option ist, dass man sich komplett vertan hat und die Aussage floppt.

Der Gesprächspartner kann nun auf verschiedene Art und Weise seine Zustimmung oder Ablehnung ausdrücken. In der alltäglichen Kommunikation geschieht dies oft verbal. Das bedeutet, bei einem Treffer erhält man oft ein »Ja« als Antwort. Aber auch eine ähnliche Reaktion (wie »Hm …«) ist kennzeichnend. Beim Flop hingegen hört man ein »Nein« oder eine Antwort wie: »Das stimmt nicht.« Liegt man nur knapp daneben, zögert der Gesprächspartner meist, als würde er sagen wollen: »Jein, nicht ganz richtig.« In gewöhnlichen Gesprächssituationen hilft er meistens selbst, die Aussage richtig zu stellen.

Zwischen diesen drei eindeutigen Kategorien existieren verschiedene Nuancen, die man erkennen sollte, um auf die wahren Gedanken des Gegenübers zu schließen. Der Gesprächspartner kann eine Aussage zum Beispiel entschieden abstreiten oder auch nur skeptisch sein. Vielleicht fällt es ihm schwer, darüber zu entscheiden, und er ist sich uneinig mit sich selbst. Möglicherweise sucht er auch nach Ausflüchten, um die Wahrheit nicht zugeben zu müssen. Vielleicht stimmt er der Aussage auch nur teilweise und nicht vollständig zu. Durch Beobachtung kann man einschätzen, woran man ist.

Jeder Gedanke löst nämlich eine körperliche Reaktion aus, die als Carpenter-Effekt oder auch auch als ideomotorischer Effekt bekannt ist. Damit wird das Phänomen bezeichnet, dass durch die Vorstellung oder das Denken an eine Bewegung kaum wahrnehmbare und unbewusste reale Bewegungen entstehen. So führt zum Beispiel die Vorstellung eines Kreises dazu, dass ein Pendel, das man zwischen den Fingern hält, entsprechend ausschlägt. Bei meinen Auftritten nutze ich dieses Phänomen, um einen vom Zuschauer verstecken Gegenstand im Publikum wiederzufinden. Ich fasse den Zuschauer an der Hand und bitte ihn, nur an die Richtung, in die ich gehen soll, zu denken. Sofort sind kleine Bewegungen wahrnehmbar. Wenn ich einen leichten Zug nach rechts verspüre, weiß ich, dass ich nach rechts gehen muss. Verspüre ich rechts einen leichten Widerstand, dann muss ich nach links gehen.

Aber auch ohne den Zuschauer anzufassen und nur durch Beobachtung kann man herausfinden, ob man mit einer Aussage richtig oder falsch liegt, da er sich beim Gedanken an ein »Ja« anders verhält, als wenn er »Nein« denkt. Muskelbewegungen sind nämlich nicht nur spürbar, sondern auch sichtbar. Wenn man z. B. einer Person zustimmt, bewegt man meistens automatisch den Kopf und nickt. Im umgekehrten Fall lässt sich ein leichtes Kopfschütteln beobachten. Beim einen mehr, beim anderen weniger. Dies geschieht völlig unbewusst.

Ferner sind die Sprechweise und das Verhalten des Gesprächspartners genauso wichtig wie die Worte selbst. In welchem Tempo äußert er sich? Wie wählt er seine Worte und formuliert seine Reaktion? In welchem Tonfall sagt er es? Wie ist seine Betonung?

Nehmen wir zum Beispiel an, Ihr Gesprächspartner entgegnet Ihrer Aussage: »Ich würde nicht sagen, dass das komplett stimmt.«

Jetzt gibt es verschiedene Möglichkeiten, diesen Satz zu betonen, und jede hat ihre eigene Bedeutung, da jede etwas anderes vermittelt, das es zu beobachten gilt. Je nachdem, welches Wort betont wird, kann man etwas anderes daraus schlussfolgern. Oftmals kann man intuitiv erkennen, was der Gesprächspartner meint, und seine Gedanken vervollständigen.

»Ich **würde nicht** sagen, dass das komplett stimmt.«

Wird das »würde nicht« besonders betont, macht der Gesprächspartner damit deutlich, dass man wirklich vollkommen danebenliegt. Hier muss man umschwenken und die Aussage richtigstellen. Wie das genau funktioniert, sehen Sie später.

»Ich würde nicht **sagen**, dass das komplett stimmt.«

Ist nur »sagen« betont, will die Person wahrscheinlich nicht zugeben, dass man richtigliegt. Vielleicht wurde die Aussage so formuliert, dass sie zwar stimmt, der Gesprächspartner aber Probleme hat, das zu bestätigen.

»Ich würde nicht sagen, dass **das** komplett stimmt.«

»Aber mit dem Rest haben Sie recht«, könnte der unausgesprochene Gedanke lauten. Da nur »das« betont wurde, bezieht es sich sehr wahrscheinlich auf die letzte Aussage, die offensichtlich kein Treffer war. Der Rest scheint aber akzeptiert zu werden. Spricht man den vervollständigten Gedanken aus und setzt anschließend eine Pause, ist die Wahrscheinlichkeit groß, dass der Gesprächspartner erzählt, was genau gestimmt hat.

»Ich würde nicht sagen, dass das **komplett** stimmt.«

Die Bedeutung der Betonung von »komplett« ist ähnlich wie die vorherige. Hier zeigt das Gegenüber, dass die meisten der getroffenen Aussagen stimmen.

»Ich würde nicht sagen, dass das komplett **stimmt**.«

Wird die Betonung auf »stimmt« gelegt, heißt das, dass man knapp daneben liegt. Die getroffenen Aussagen lassen noch Platz für Interpretation und Spekulation. Vom Grundsatz her wird aber nicht widersprochen.

»Ich würde nicht sagen, dass das komplett stimmt.«

Eine letzte Möglichkeit wäre, dass kein Wort besonders betont und der ganze Satz monoton gesprochen wird. Der Gesprächspartner könnte dem Ganzen zustimmen, tut es aber nicht. Er drückt damit aus, dass es verschiedene Sichtweisen gibt.

Feedback nutzen

Feedback zeigt, ob das Thema, über das man gerade spricht, für das Gegenüber interessant ist und ob es überhaupt darüber sprechen möchte. Hauptsächlich dient es jedoch dazu, herauszufinden, ob man mit seinen Aussagen auf dem richtigen Weg ist oder ob man sie umformulieren muss.

Man kann auf diese Weise den allermeisten Gedanken des

Gegenübers auf die Schliche kommen. Dazu muss man nur erkennen, ob es den Aussagen zustimmt oder nicht. Sind sie wohlüberlegt, kann man das Gesuchte immer weiter einkreisen und das aussortieren, was nicht zutrifft. Die Kreise werden dann immer enger und enger, bis man schließlich auf den Kern trifft.

Jedes Mal, wenn der Gesprächspartner auch nur das kleinste verbale oder physische Signal der Zustimmung gibt, muss man ihn darin bestätigen und die Aussage weiter ausschmücken, indem man sie umformuliert und erneut präsentiert. Dadurch wird dem Gesprächspartner der Eindruck vermittelt, dass man sich seiner Sache sicher ist und genau weiß, was er denkt.

Um die Bestätigung einzuleiten, eignen sich folgende Worte:

»Ja, genau das meinte ich.«
»Das ist der Grund, warum ich …«
»Daher dachte ich, dass …«
»Das erklärt, warum …«
»Das bedeutet, …«
»Das heißt, …«

Anschließend darf man die Aussage aber nicht einfach rekapitulieren. Wichtig ist, nicht alles Gesagte zu wiederholen. Wenn man sich auf die Schlüsselelemente, die für das Gegenüber und das Gesprächsziel relevant sind, beschränkt, ist die Wirkung umso größer. Die Bestätigung sollte einfach und verständlich kommuniziert werden.

Zeigt der Gesprächspartner aber an, dass die Aussage falsch ist, macht man eine 180-Grad-Wende und startet einen neuen Versuch. Indem man seine Reaktion und seine Worte aufgreift, zeigt man Einfühlungsvermögen und erhöht die Trefferquote. Die wird auch dadurch beeinflusst, wie vage die Aussage zuvor formuliert war. Weitere Möglichkeiten, auf einen Flop zu reagieren, werden später noch genauer erklärt.

Wenn man schnell und unumwunden auf die Reaktion des

Gegenübers eingeht, bleiben Flops unauffällig. Gelingt das, ist das Angeln ein wunderbares Werkzeug, mit dem man in vielen verschiedenen Situationen sehr gute Treffer erzielen kann.

Kehren wir zum vorherigen Beispiel zurück: »Ich habe das Gefühl, dass Sie noch nicht so richtig zufrieden sind.« Darauf könnte der Gesprächspartner antworten: »Ja, zufrieden bin ich eigentlich schon, aber ich weiß nicht, was meine Frau dazu sagen wird.« Das war kein eindeutiger Treffer, ich lag aber auch nicht komplett daneben. Schließlich habe ich erkannt, dass er sich über etwas Gedanken macht. Er hat die Aussage gleich selbst verbessert und mir damit mitgeteilt, dass ihm die Meinung seiner Frau sehr wichtig ist. Diese Information kann ich also sofort für das weitere Gespräch nutzen und sage deshalb: »Das bedeutet, die Meinung Ihrer Frau ist Ihnen wichtig, um hier eine Entscheidung zu treffen.«

Das Feedback hat noch einen weiteren Nutzen. Man deckt die Unterschiede auf zwischen dem, was man selber sagt, und dem, was das Gegenüber denkt, und erfährt so, wie der Gesprächspartner die Aussage für sich interpretiert hat. Denn oftmals hört das Gegenüber mehr, als man wirklich gesagt hat. Seine Interpretationsweise ist dann wiederum eine wichtige Informationsquelle.

Die Reaktion des Gegenübers kann aber auch zeigen, dass das, was es sagt, mit Mimik, Gestik und Sprechweise nicht übereinstimmt. Nehmen wir zum Beispiel an, ein Chef hat das Gefühl, dass seine Mitarbeiter Probleme untereinander haben, und spricht einen seiner Mitarbeiter darauf an. Der will aber nicht darüber sprechen, geschweige denn zugeben, dass überhaupt ein Problem existiert. Er versichert seinem Chef, dass alles in Ordnung sei und er sich keine Sorgen machen müsse. Seine Körpersprache sagt aber etwas anderes und verrät, dass an der Vermutung des Chefs doch etwas dran ist. Wenn der diese Signale erkennt, kann er nachhaken und konkreter werden.

Fragetechniken

 Manche Menschen meinen, dass ein Mentalist niemals Fragen stellen müsse, weil er ja die Gedanken im Kopf seines Gegenübers lesen könne. Jedoch gehören verschiedene Fragetechniken ebenfalls zu den Werkzeugen eines Mentalisten, mit denen er genau diesen Eindruck hinterlässt.

Einfach nach Informationen fragen, das muss doch offensichtlich sein?

Nein, es gibt Möglichkeiten, Fragen so zu formulieren, dass der Gesprächspartner sie nicht als Frage, sondern als Aussage interpretiert. Auf diese Weise können Sie dem Gegenüber Informationen präsentieren, die Sie rein logisch gar nicht kennen konnten. Versteckte Fragen geben Ihnen die Möglichkeit, sich vorsichtig an Themen oder Probleme heranzutasten. So kann man herausfinden, was der andere wirklich will und denkt, ohne dass er sich verhört und gelöchert fühlt.

Auf einem Empfang kam ich einmal mit jemandem ins Gespräch, den ich zuvor nicht kannte. Während des Gesprächs nutzte ich eine der folgenden Fragetechniken. Er war überrascht, weil ich so den Eindruck hinterlassen konnte, zu wissen, dass er selbstständig ist, ohne ihn ausdrücklich gefragt zu haben. Der

Mann wollte gleich wissen, woran ich das erkannt habe. Sein Interesse war geweckt, und es entwickelte sich zwischen uns eine angenehme Gesprächssituation, da er sich verstanden fühlte.

Welche Fragetechniken sind nun hilfreich?

Die direkte Frage

Den Gesprächspartner direkt zu fragen, ist die einfachste Möglichkeit, um an Informationen zu gelangen. Will man zum Beispiel wissen, ob das Gegenüber verheiratet ist, würde man fragen:

»Sind Sie verheiratet?«

Diese Fragetechnik scheint auf den ersten Blick banal und offensichtlich. Direkte Fragen können aber, wenn sie im richtigen Moment gestellt werden, beim Gegenüber in Vergessenheit geraten. Dies passiert meistens dann, wenn zwischen der Frage und der Verwendung der Antwort ein wenig Zeit vergeht und über etwas anderes gesprochen wird.

In meiner Show frage ich manchmal ganz nebenbei Zuschauer nach ihrem Sternzeichen, nämlich dann, wenn ich sie von ihrem Platz im Saal auf die Bühne begleite. Nehmen wir an, der Zuschauer sagt, dass er im Sternzeichen Löwe geboren ist. Auf der Bühne binde ich ihn dann in ein Experiment ein, so dass seine gesamte Konzentration und Aufmerksamkeit darauf gelenkt ist und Zeit vergeht. Kurz bevor der Zuschauer die Bühne wieder verlässt, sage ich ihm, dass ich vermute, sein Sternzeichen sei Löwe. Er wird zustimmen, und die Illusion ist perfekt. Fast immer vergisst der Zuschauer, dass er mir sein Sternzeichen vorher selbst verraten hat.

Im Businessgespräch besteht der Vorteil, dass von Ihnen niemand erwartet, in den Kopf Ihres Gegenübers schauen zu können. Für Sie bestehen also zwei Möglichkeiten: Im besten Fall vergisst der Gesprächspartner Ihre Frage und die Faszination darüber, dass Sie etwas wissen, was Sie gar nicht wissen können, steigt. Erinnert sich das Gegenüber jedoch an die vorher gestellte Frage, sind Sie immer noch ein sehr guter Zuhörer. Sie signalisieren Interesse und schaffen Vertrauen.

Mit einer direkten Frage kann man dem Gesprächspartner außerdem grundsätzliche Entscheidungen entlocken. Wenn man auf eine Person zugeht und sofort mit Informationen bestürmt, dann ist die Wahrscheinlichkeit hoch, dass diese Person abblockt und so etwas wie »Sorry, aber ich habe gerade keine Zeit« antwortet.

Das kann man vermeiden, indem man vorher ein grundsätzliches Einverständnis einholt. Wenn man zuerst fragt, ob man kurz etwas erzählen kann, willigen die meisten Menschen ein oder fragen, worum es geht. Sollte es wirklich nicht passen, dann kann man immer noch einen günstigeren Zeitpunkt erfragen. Ist aber erst mal »Ja« gesagt, gibt es keinen Weg zurück. Man könnte nun so lange erzählen, wie man will.

Das liegt auch an dem Wörtchen »kurz«. Wie lang ist kurz? Sind es ein paar Sekunden, fünf Minuten oder eine halbe Stunde? Kurz ist relativ und gibt einem die Zeit, die man braucht.

Besonders bewährt hat sich diese Technik, wenn man eine kurze Geschichte erzählen will. Authentische kurze Geschichten sind ohnehin in der Kommunikation sehr wirkungsvoll. Dann wäre die Fragestellung: »Darf ich Ihnen kurz eine Geschichte erzählen …« die richtige, um eine starke Kommunikation durchzuführen.

Die beiläufige Frage

Beiläufige Fragen sind unauffälliger als direkte Fragen. Sie bestehen meistens aus kurzen Phrasen, die am Ende eines Satzes oder eines längeren Statements stehen. Dadurch wirken sie nebensächlich und gehen in den Aussagen unter, besonders dann, wenn bei der Fragestellung die Stimme leicht abgesenkt wird.

Mentalisten nutzen zwei Formen der beiläufigen Fragen. Mit der einen fordert man Feedback ein, um herauszufinden, ob man mit den vorangestellten Aussage einen Treffer erzielt hat. Solche beiläufigen Fragen können wie folgt aussehen:

»… nicht wahr?«

»… trifft das auf Sie zu?«

»… kann das sein?«

»… hat das Sinn?«

»… würden Sie dem zustimmen?«

»… passt das auf Sie?«

»… stimmt das?«

»… ist das typisch für Sie?«

»… steht das in Verbindung mit Ihnen?«

Die zweite Möglichkeit der beiläufigen Fragen geht einen Schritt weiter und erfragt das Wer, Was, Wo, Wann, Wie und/oder Warum. Auch hier wird die beiläufige Frage an das Ende der Aussagen geheftet. Dieses Mal werden die Fragen wie folgt formuliert:

»… was könnte das für Sie bedeuten?«

»… wann war das bei Ihnen?«

»… wo könnte das sein?«

»… wie können Sie sich das vorstellen?«

»… warum trifft das auf Sie zu?«

Wichtig ist wie gesagt der Tonfall. Je beiläufiger die Frage klingt, als umso nebensächlicher wird sie wahrgenommen. Mit dem richtigen Tonfall schafft es jeder, sein Gegenüber glauben zu lassen, er hätte ihm nur eine Aussage präsentiert.

Die verschleierte Frage

Bei dieser Art zu fragen wird die Frage als Vermutung formuliert. Es scheint so, als würde man seinem Gesprächspartner vorsichtig Informationen geben. In Wirklichkeit aber ist es umgekehrt. Daher ist diese Technik sehr effektiv. Ein kurzes Beispiel wird das verdeutlichen. Die Frage »Reisen Sie in Ihrem Beruf viel?« kann wie folgt verschleiert werden:

> »Es ist nur eine Idee, aber ich kann mir vorstellen, dass Sie oft unterwegs sind und viel reisen … Ich habe das Gefühl, dass Sie das aufgrund Ihrer beruflichen Tätigkeit tun.«

Auf diese Weise lässt sich jede Frage so formulieren, als würde man eigentlich eine Aussage treffen. Kann der Gesprächspartner zustimmen, wird die Vermutung sofort als Treffer gewertet. Stimmt er nicht zu, gibt es Möglichkeiten, sich aus der Situation zu retten und die Aussage in einen Treffer zu verwandeln.

Für das Formulieren der Frage ist es hilfreich, die Aussage in verschiedene Richtungen zu erweitern. Der Gesprächspartner gibt meist schnell durch Körperreaktionen, Gestik, Mimik oder durch seine Worte zu erkennen, welche der angebotenen Deutungsmöglichkeiten auf ihn zutreffen. Folgendes kann nun in dem obigen Beispiel angehängt werden:

> »Möglicherweise ist es auch nicht Ihr aktueller Beruf, und es geht um eine frühere Beschäftigung oder Zeit in Ihrem Leben. Vielleicht hat das Reisen auch eine ganz andere Bedeutung für Sie …«

Um dem Gesprächspartner Zeit für eine Reaktion zu geben, sollten zwischen den Sätzen Pausen gesetzt werden. Das richtige Timing entscheidet über den Erfolg dieser Technik. Ebenso bedeutend ist die Betonung. Man kann einen Satz wie eine

Frage klingen lassen, indem die Stimme am Satzende ein wenig angehoben wird. Damit ein Satz zur Aussage wird, muss die Stimme am Satzende gesenkt, dabei die Sprechgeschwindigkeit verlangsamt und danach eine Pause gemacht werden. In der Folge wird das Gegenüber die Frage als Aussage wahrnehmen und gleichzeitig unbewusst dazu gebracht, eine Reaktion zu zeigen.

Die Referenz-Frage

Kartenleger benutzen häufig diese Technik. Auch hier wird die Frage als Aussage formuliert. Jedoch wird sie zusätzlich begründet. Man sucht sich eine Referenz für die Behauptung. Ein Wahrsager, der aus Karten liest, nutzt sie als Referenzsystem und behauptet beispielsweise:

> »Ich sehe hier die Karte mit dem Schwert. Das bedeutet in der Regel, dass es eine große Herausforderung zu meistern gilt. Dies kann auch ein Problem mit einem Menschen in Ihrem Umfeld sein. Vielleicht ist es auch keine persönliche, sondern eher eine berufliche Schwierigkeit, die Sie plagt. Wie können Sie sich das erklären?«

Dem Kartenleger geht es nicht darum, was das Schwert tatsächlich bedeutet. Es spielt keine Rolle. Wichtig ist nur, dass es plausibel klingt und mit fester Überzeugung kommuniziert wird. Das Gegenüber vertraut auf das Deutungssystem der Karten und überlegt, inwiefern die Aussage auf ihn zutrifft. In Wirklichkeit hat der Kartenleger nur gefragt, ob es zurzeit berufliche oder private Probleme gibt.

In der Kommunikation im Business werden weder Karten gelegt noch liest man dem Gesprächspartner aus der Hand. Dennoch ist diese Technik auf alltägliche Gesprächssituationen übertragbar. Die Frage nach beruflichen oder privaten Problemen sähe dann wie folgt aus:

> »Neulich habe ich etwas Interessantes gelesen. Wissenschaftler haben eine Studie darüber durchgeführt, wie sich Wirtschaftskrisen auf die Menschen auswirken. Oftmals übertragen sich die beruflichen Probleme ins Privatleben und umgekehrt. Manche Menschen haben besonders große Abstiegsängste. Wie denken Sie darüber?«

Anstatt der Tarotkarte habe ich nun Wissenschaftler als Referenz genommen. Ob es wirklich Studien zu dem oben beschriebenen Problem gibt, weiß ich nicht. Es ist jedoch auch völlig irrelevant, da die Aussage allein durch die Phrase »Wissenschaftler haben herausgefunden, dass …« als richtig interpretiert wird. Die meisten Menschen glauben nämlich, dass alles stimmt, was ein Wissenschaftler, Forscher oder Experte sagt. Entscheidend ist also der Glaube an die Richtigkeit der genannten Referenz.

Die Treffer-Frage

Bei dieser Fragetechnik ist es ganz egal, ob das Gegenüber zustimmt oder verneint. Man liegt immer richtig. Also eine ideale Technik, die, wenn man sie einmal erlernt und geübt hat, sehr wirkungsvoll ist.

Dazu wird die gewünschte Frage mehrdeutig formuliert. Die Besonderheit liegt darin, dass die Frage verneinend gestellt wird. Dann folgt eine verkürzte Form der Frage ohne Verneinung. Dies klingt zunächst etwas merkwürdig und kompliziert, ist in der Anwendung jedoch sehr effektiv. Folgendes Beispiel wird das verdeutlichen.

Frage: »Sie sind nicht selbstständig, sind Sie?«

Je nachdem, was er jetzt antwortet, kann man wie folgt auf die jeweilige Antwort reagieren:

Möglichkeit 1:	»Nein, ich bin nicht selbstständig.«
Reaktion:	»Genau wie ich vermutet habe.«

Möglichkeit 2:	»Ja, ich bin selbstständig.«
Reaktion:	»Ja, das habe ich mir schon gedacht.«

Mit dieser Fragetechnik werden immer beide Wege offen gehalten, und das Gegenüber wird sich meist nur an den für ihn zutreffenden Teil der Frage erinnern.

Um die Frage noch weiter in den Hintergrund treten zu lassen und die Mehrdeutigkeit zu verschleiern, würde ein Mentalist Folgendes tun: Er würde seine eigenen Worte verstärken, indem er weitere, zur Aussage passende Behauptungen anfügt. Dazu nochmals obiges Beispiel:

Frage: »Sie sind nicht selbstständig, sind Sie?«

Möglichkeit 1:	»Nein, ich bin nicht selbstständig.«
Reaktion:	»Genau wie ich vermutet habe.«
Bestärkung:	»Ich könnte mir auch nicht vorstellen, dass Sie sich gerne mit dem Stress und dem Ärger eines Unternehmers befassen möchten. Ihnen ist es wichtiger, einen sicheren Job mit festem Gehalt zu haben.«

Möglichkeit 2:	»Ja, ich bin selbstständig.«
Reaktion:	»Ja, das habe ich mir schon gedacht.«
Bestärkung:	»Ich könnte mir auch nicht vorstellen, dass Sie sich gern herumkommandieren lassen würden. Sie wollen gerne Ihr eigener Chef sein und einer Tätigkeit nachgehen, die Sie

erfüllt. Sie haben bestimmt viel Geschick
und gute Ideen, die Sie verwirklichen wollen.«

Die Treffer-Frage-Technik ist in der Praxis sehr effektiv. Besonders gut funktioniert sie dann, wenn man kreativ ist und spontan
weitere Behauptungen zur Bestärkung liefern kann. Will man
diese Fragetechnik häufig im gleichen Kontext einsetzen, ist es
hilfreich, sich vorher einige mögliche Bemerkungen bereitzu-
legen.

Informationsbeschaffung

 In den 30er Jahren des vorigen Jahrhunderts sorgte in Berlin ein Hellseher namens Hanussen mit seinen Vorführungen und Weissagungen für große Aufregung. Neben seinen gut bezahlten Auftritten im deutschlandweit bekannten Varieté Scala gab er zahlreiche Privataudienzen, in denen er den Menschen die Zukunft voraussagte. Dafür hatte er sich extra eine luxuriöse Wohnung eingerichtet, die man über einen mysteriös gestalteten Vorraum betrat. Es folgten zwei weitere Vorzimmer, wo geheimnisvoll tuende Sekretäre die Gäste empfingen.

Erst nach weiterer Wartezeit wurde man zum Hellseher Hanussen persönlich vorgelassen. Tatsächlich wusste dieser fast alles über seine Kunden. Angefangen von den Lebensumständen über besondere Ereignisse bis hin zu persönlichen Wünschen. Übernatürliche Fähigkeiten? Betrug? Menschenkenntnis? Oder eine Mischung aus allem?

Die Erklärung ist einfach. Die beiden Sekretäre aus den Vorräumen hatten die Aufgabe, den Gast auszufragen. Dabei interessierten sie sich für alles, was für die Weissagungen des Meisters von Bedeutung sein könnte. Während der Gast im zweiten

Zimmer warten musste, hatte der Gehilfe im ersten die Aufgabe, telefonisch weitere Informationen zu beschaffen. Das gesamte Material wurde dem Hellseher unbemerkt übergeben, der seine Informationen dann so präsentierte, als würde er sie aus einer anderen Welt empfangen.

Hanussen ließ sich seine Weissagungen teuer bezahlen. Und wenn er im April 1933 nicht von der SA ermordet worden wäre – die Motive für den Mord sind nicht endgültig geklärt –, dann wäre man seinem Betrug wahrscheinlich bald auf die Schliche gekommen.

Lässt man Hanussens esoterischen Humbug und seine Betrügereien beiseite und schaut sich nur seine Methoden an, so zeigt sich, dass damals in den Mentalshows der Varietés Ähnliches praktiziert wurde. So setzte man z. B. eine Annonce in die Zeitung, in der man nach Menschen suchte, die sich besonders für Übernatürliches interessierten. Und auch wenn es unglaublich klingen mag, es meldete sich stets eine große Zahl an gläubigen Probanden. Mit jedem Einzelnen führte ein Mittelsmann ein Gespräch, um Informationen zu sammeln. Die Personen wurden dann gebeten, bei einer bestimmten Vorführung des Mentalisten anwesend zu sein. Während der Vorstellung bat dieser dann die ausgewählten Personen auf die Bühne und sorgte für großes Staunen beim Publikum, als er, scheinbar ihre Gedanken lesend, die vorher beschafften Informationen präsentierte. Oftmals war sogar der Proband selbst verblüfft, dass der Mentalist so viel über ihn wusste, da er sich aufgrund der Art und Weise, wie er vorher ausgefragt worden war, nämlich gar nicht gemerkt hatte, was er alles erzählte.

Eine andere Methode bestand darin, ein Porträt des im Varieté auftretenden Mentalisten neben dem Spiegel in der Damentoilette aufzuhängen. Der Mentalist selbst schloss sich vor seiner Vorstellung in eine der Kabinen ein und belauschte die Gespräche der Frauen. Das Plakat animierte sie dazu, sich über die bevorstehende Show des Mentalisten zu unterhalten. Dabei plauderten sie auch über Details aus ihrem Leben und lieferten somit eine Steilvorlage für das Gedankenlesen in der Show.

Zusammenfassend und mit einem neutralen Blick von außen bleibt festzuhalten, dass der Erfolg dieser Wundermänner abhängig war von der mehr oder weniger geschickten Beschaffung entsprechender Informationen. Hinzu kommt, dass die Vorführenden genug Empathie und Menschenkenntnis besaßen, um auf das Publikum einzugehen und über dessen Wünsche zu sprechen.

Welche Erkenntnis ergibt sich nun für uns daraus? Auch für unsere Kommunikation im Business ist es wichtig, gut vorbereitet zu sein und entsprechende Informationen zu besitzen. Es gibt Menschen, die völlig unvorbereitet in ein Bewerbungsgespräch gehen und sich dann wundern, warum sie die gewünschte Stelle nicht bekommen. Und bei wichtigen Verhandlungen, bei denen es oft um viel Geld geht, wird oft eher das eigene Konzept präsentiert, als dass man auf die eigentlichen Entscheidungsgründe des Gesprächspartners eingeht. Fazit: Je wichtiger ein Gespräch, desto mehr Zeit sollte man in dessen Vorbereitung investieren.

Das beginnt schon bei der einfachen Frage: »Was wird mich erwarten?« Wenn man sich diese Frage selbst stellt und versucht, sich in die bevorstehende Situation hineinzuversetzen, wird man besser im Gespräch reagieren können.

Während die Mentalisten der 1920er und 1930er Jahre noch großen Aufwand betreiben und Mitarbeiter beschäftigen mussten, sind Informationen heutzutage wesentlich einfacher aus dem Internet zu beschaffen.

Viele Menschen sind Mitglied in sozialen Netzwerken, laden dort Fotos und Videos hoch oder hinterlegen sogar eine Einkaufswunschliste beim Online-Händler Amazon. Massenhaft hinterlassen wir Informationen auf den unterschiedlichsten Internetseiten und wissen manchmal gar nicht, dass diese auch öffentlich zugänglich sind. Bei Facebook sind Name und Profilfoto für alle sichtbar. Steht man im Telefonbuch, so erscheint man auch im Online-Telefonbuch. Beiträge in Foren sind meist auch für jedermann zugänglich und lesbar. Wenn man diese Informationen geschickt zusammensetzt, ergibt sich daraus eine komplette Personenbeschreibung.

Der erste Weg führt zu Google. Hier hat man meist schon erste Treffer. Bessere Ergebnisse werden in Personensuchmaschinen wie yasni.de oder 123people.de erzielt. Diese Suchmaschinen haben den Vorteil, dass sie alle Treffer nach bestimmten Kategorien sortieren. Fotos aus sozialen Netzwerken oder von Wikipedia werden zum Beispiel gebündelt angezeigt. Eine weitere Kategorie sind Telefonnummern, die aus den Telefonbüchern im Internet zusammengestellt werden. Auch E-Mail-Adressen werden angezeigt. Diese würde man sonst nur ungeordnet bei Google finden. Daneben werden auch Blogs und Webseitentreffer aufgeführt.

Folgendes Beispiel zeigt, wie ergiebig die Internetrecherche sein kann. Angenommen, man will sich auf ein Gespräch mit Herr Walter K. treffen. Eine erste Suchanfrage mit seinem Namen ergab einen Treffer in einem sozialen Netzwerk. Walter K. hat zwar Einschränkungen in der Veröffentlichung seiner Inhalte vorgenommen, jedoch sieht man dennoch seinen Namen, ein Bild von ihm und seine E-Mail-Adresse.

Ein Portal für berufliche Kontakte gibt weitere Auskünfte. Neben seinen bisherigen Arbeitgebern und seiner aktuellen Beschäftigung sind hier seine persönlichen Interessen aufgelistet. Walter K. reist gern durch die Welt.

Eine kurze Suchanfrage bei den Amazon-Wunschzetteln ergibt, dass er gern klassische Musik hört und sich für Videoschnitt interessiert. Eine neue Videokamera steht auch auf seiner Liste.

Anschließend geht die Suche im Online-Telefonbuch weiter. Hier werden die Einträge aus den gedruckten Telefonbüchern bereitgestellt. Daraus erfährt man seine genaue Adresse, die uns weiter zu Google Maps oder einem anderen Kartendienst führt.

Dank StreetView können wir sogar virtuell an seinem Einfamilienhaus, am Rand von München gelegen, vorbeispazieren. Der luxuriöse Geländewagen in der Einfahrt zeigt uns nicht nur, welches Auto er fährt, sondern auch, dass er vermutlich nicht gerade arm ist.

Unter den Google-Suchergebnissen taucht sein Name auf einer Website eines Heimatvereins auf. Dort ist zu lesen, dass Walter K. vor sieben Jahren beruflich bedingt nach München gezogen ist, sich aber dennoch weiterhin für den Verein engagiert.

Ferner kann man bei der weiteren Recherche entdecken, dass Walter K. bei Twitter aktiv ist und gelegentlich Kommentare über seine Reisen verfasst.

Das Googeln seines Twitter-Benutzernamens führt zu einem Forum, in dem er ebenfalls ab und an Beiträge schreibt. Vor kurzem teilte er dort mit, dass er sich auf einen Trip zum Grand Canyon freut.

Als Nächstes findet man seinen Blog. Hier beschreibt er einige Höhepunkte seiner Reisen. Fotos dazu findet man beim Fotodienst Flickr.

Mit diesen Informationen kann man eine Unmenge an persönlichen Aussagen über Walter K. treffen. Er lebt in München und fährt einen schwarzen Range Rover. Er bereist gern fremde Länder und hält die Eindrücke in Fotos und Videos fest. Klassische Musik hört er am liebsten. Seine Einträge bei Xing zeigen, dass er seit zwölf Jahren selbständig ist. Walter K. engagiert sich für seinen Heimatort und hilft als Mitglied im Traditionsverein bei Benefiz-Veranstaltungen. Demnächst wird er zum Grand Canyon reisen.

Wie gut solch eine Recherche funktioniert, belegt folgendes Experiment eines Filmteams in Brüssel. Auf einem öffentlichen Platz hatte es ein großes weißes Zelt aufgebaut. Darin wartete ein vermeintlicher Hellseher. Nun wurden auf der Straße verschiedene Menschen angesprochen und dazu eingeladen, einmal die Fähigkeiten dieses Wundermannes zu testen. Einige Passanten willigten ein, und die Show begann. Die Probanden betraten einzeln das Zelt. Darin befanden sich ein großer Tisch und zwei Stühle. Alles war in weiß gehalten. Auch der Hellseher war weiß gekleidet und wirkte sehr mysteriös. Diese Inszenierung diente dazu, der ganzen Sache einen geheimnisvollen Anstrich zu verleihen.

Nach einer kurzen Begrüßung nahm der Proband Platz, und der Hellseher begann die Sitzung mit Beschwörungsritualen, bevor er die Gedanken seines Gegenübers las. Dabei konnte er den Namen des besten Freundes, den Heimatort und die Schule des Freiwilligen nennen. Er beschrieb dessen Wohnhaus und kannte sogar dessen Bankverbindung. Wie beeindruckend das für die Teilnehmer war, konnte man an ihren Gesichtern ablesen.

Schließlich wurde alles aufgelöst. Ein weißer Vorhang fiel, und man sah mehrere Personen, die im Internet nach Informationen über die Probanden gesucht hatten.

Fazit: Mit ein paar Internetklicks ist es heutzutage möglich, sehr schnell hochwertige Informationen über einen Gesprächspartner zu bekommen. In Zeiten von Smartphones und mobilen TabletPCs sogar überall und jederzeit weltweit.

Eine weitere Informationsquelle stellen Statistiken und Umfragen dar, die zum einen in Zeitungen abgedruckt oder in Online-Datenbanken zu finden sind. Das statistische Bundesamt bietet dazu eine Vielzahl an Informationen. Sogar Informationen über die typischen Lebensumstände an einzelnen Orten sind in deren Datenbanken abrufbar. Dieses Wissen kann in Gesprächen genutzt werden.

Auch Unternehmen sammeln selbst Informationen über ihre Kunden und werten diese statistisch aus. Bei Amazon wird zum Beispiel erfasst, nach welchen Produkten man gesucht und welche man schon gekauft hat. Auf dieser Grundlage bietet Amazon dann die Produkte an, die den Kunden interessieren könnten.

Eine weitere Möglichkeit sind Kundenumfragen. Damit ermitteln Unternehmen, welche Wünsche viele ihrer Kunden haben. Sind die Umfragen personalisiert, erhält man über diesen Weg individuelle Informationen, die im nächsten Kundengespräch geschickt eingebaut werden können.

Auch Gewinnspiele dienen im Business oft der Informationsbeschaffung. Wer an der Verlosung teilnehmen will, muss eine Karte mit Name und Adresse ausfüllen. Meistens wird noch eine persönliche Zusatzfrage gestellt. Daraus ergibt sich die Möglichkeit, potenzielle Kunden zielgerichtet anzusprechen.

Empfangsräume, das Vorzimmer der Sekretärin oder der Warteraum bieten ebenfalls gute Möglichkeiten, etwas über Menschen zu erfahren. Daher ist es wichtig, dass das Empfangspersonal gut auf Menschen eingehen kann.

Man mag diese Vorgehensweise kritisch sehen. Tatsache bleibt jedoch, dass viele Menschen vollkommen freiwillig persönliche Daten preisgegeben. Darüber hinaus sollte bedacht werden, zu welchem Zweck die beschafften Informationen genutzt werden. Wird das Wissen verwendet, um besser auf den Gesprächspartner einzugehen, wird dies auch in seinem Interesse sein.

Gefühle deuten

Gefühle spielen in unserem Leben eine zentrale Rolle. Sie beeinflussen unser Denken und Handeln. Oft tun wir Dinge, nicht weil wir uns rational dafür entschieden haben, sondern weil wir uns von einem Gefühl haben leiten lassen. Erst im Anschluss suchen wir, ob bewusst oder nicht, nach einem plausiblen Grund für unsere Handlung. Manchmal merken wir auch nicht, dass wir von unseren Emotionen gelenkt wurden, weil wir uns ihrer nicht immer sicher sind. Unsere Gedanken drücken wir sowohl bewusst als auch unbewusst über unsere Gefühle aus. Dabei zeigen wir Reaktionen auf das, was wir erleben. Wenn man nun also herausfinden kann, was das Gegenüber gerade fühlt, kommt man seinen wahren Gedanken einen Schritt näher.

Der US-amerikanische Anthropologe und Psychologe Paul Ekman ist für seine Forschungen auf dem Gebiet der nonverbalen Kommunikation sehr bekannt und gilt als Pionier der detaillierten Gesichteranalyse. Er entwickelte das *Facial Action Coding System*, mit dem es möglich ist, im Gesicht seines Gegenübers emotionale Ausdrucksmuster zu erkennen. Um den Ausdruck menschlicher Gefühle zu untersuchen, ist er um die ganze

Welt gereist. Bei seinen ethnologischen Studien hat er herausgefunden, dass es sieben Basisemotionen gibt, die bei jedem Mensch auf der Welt unabhängig von Herkunft und Kultur gleich sind.

Überraschung
Angst
Trauer und Verzweiflung
Ekel
Verachtung
Wut, Zorn und Ärger
Freude

Die einzelnen Gefühlszustände werden im Folgenden zugespitzt dargestellt. In der Realität werden die Signale subtiler und eher selten in ihrer extremsten Form gezeigt. Diese minimalen Hinweise sind besonders wichtig. Erkennt man die subtilen Veränderungen im Gesicht des Gegenübers, erhält man einen Hinweis darauf, was nicht gesagt, sondern nur gedacht wurde.

Paul Ekman unterscheidet nach drei Arten des subtilen Gesichtsausdrucks: Der schwach ausgeprägte Ausdruck, der partielle Ausdruck und der Mikroausdruck. Schwach ausgeprägt ist der Ausdruck dann, wenn das Gefühl gerade entsteht und nur gering empfunden wird. Wird das Gefühl jedoch intensiver, ist der Ausdruck im Gesicht ebenfalls stärker und damit leichter zu erkennen, ist also nicht mehr subtil. Versucht man eine Emotion und die dazugehörigen Signale zu unterdrücken, kommt es ebenfalls zu einem schwach ausgeprägten Gesichtsausdruck, besonders dann, wenn einem dies nicht sehr gut gelingt. Der partielle Gesichtsausdruck unterscheidet sich vom schwach ausgeprägten, weil er nur in einem Teil des Gesichts erkennbar und nicht voll ausgeprägt ist.

Der Mikroausdruck erscheint sehr schnell und verschwindet meistens ruckartig. Er ist höchstens für eine Fünftelsekunde sichtbar. Ist man genau in diesem Moment unaufmerksam, kann einem dieser wichtige Hinweis entgehen. Ein Mikroausdruck kann sich im ganzen Gesicht, aber auch nur partiell zeigen, wodurch er schwieriger zu erkennen ist. Durch Training ist es jedoch erreichbar. Der Mikroausdruck tritt auf, wenn man ein Gefühl hat, aber nicht will, dass andere es bemerken, und es deshalb verbirgt. Er tritt aber auch dann auf, wenn die Person sich selbst nicht über die eigenen Gefühle im Klaren ist, also gar nicht weiß, was sie fühlt. Dann wird das Gefühl unbewusst ausgedrückt.

Überraschung

Wenn etwas passiert, womit man nicht gerechnet hat, ist man überrascht. Weil man Überraschung also nicht erwarten kann, ist es auch nicht möglich, diese Emotion zu verbergen.

Überraschung ist im Gesicht des Gesprächspartners nur für wenige Augenblicke wahrnehmbar, weil sie auch nur für wenige Sekunden besteht. Sobald man nämlich realisiert, was passiert, wird die Überraschung meist durch eine andere Emotion abgelöst. Es muss aber zu keinem folgenden Gefühl kommen. Dies ist dann der Fall, wenn das, was die Überraschung ausgelöst hat, keinerlei Konsequenzen hat.

Überraschung unterscheidet sich vom Erschrecken. Letzteres ist ein automatischer Reflex, bei dem wir das Gesicht zusammenkneifen und uns ducken. Überraschung hingegen ist dadurch gekennzeichnet, dass das Gesicht so weit wie möglich geöffnet wird.

Man erkennt Überraschung daran, dass überraschte Personen die Augenbrauen weit nach oben ziehen. Dadurch wird unter den Augenbrauen mehr Haut sichtbar, und auf der Stirn zeigen sich horizontale Falten. Falten, die auch im emotionslosen, entspannten Zustand sichtbar sind, vertiefen sich.

Auch in der unteren Gesichtshälfte sind Reaktionen sichtbar. Der Unterkiefer klappt nach unten, und der Mund öffnet sich. Je größer die Überraschung ist, desto weiter öffnet sich der Mund.

Um echte Überraschung von anderen Emotionen abzugrenzen, sind ein paar wichtige Aspekte zu beachten. Wird die Überraschung zu lange gezeigt, kann man davon ausgehen, dass sie gespielt ist.

Wenn sich nur der Mund öffnet, die Augenbrauen aber regungslos bleiben, so wird keine Überraschung gezeigt. Die Person ist einfach nur sprachlos.

Werden nur die Augenbrauen hochgezogen, der Mund bleibt aber geschlossen, so ist dies ein Hinweis auf Zweifel.

Werden nur die Augen weit geöffnet, signalisiert das erhöhtes Interesse, als würde man »wow« sagen wollen.

Angst

Gerät man in eine Situation, in der körperlicher oder psychischer Schaden droht, verliert man den Halt und bekommt Angst. Die Angst lässt einen an nichts anderes denken und nicht anderes empfinden als die eigene Angst. Die gesamte Aufmerksamkeit ist darauf gerichtet. Dies dauert so lange an, bis die Gefahr vorüber ist. Bleibt die Bedrohung bestehen, entsteht Panik.

Ängste begleiten uns das ganze Leben. Sie sind in unserem Gehirn über Tausende von Jahren biologisch angelegt. Zu den Angstreaktionen gehören das reflexartige Weglaufen oder das Erstarren vor Angst. Auch Letzteres ist aus der Evolution heraus erklärbar. Unsere Vorfahren in der Urzeit mussten sich vor den Angriffen von Feinden schützen. Viele Raubtiere erkennen ihre Beute aber erst dann, wenn sie sich bewegt. Folglich war das Erstarren eine Überlebensstrategie.

Angst ist aber keinesfalls nur ein archaisches Überbleibsel der Evolution. Im Gegenteil. Das Gefühl erfüllt nach wie vor eine schützende Funktion. Angst warnt uns und macht uns wachsam. Sie verhindert leichtsinniges Verhalten und schützt uns vor der Gefahr.

Die Emotion der Angst ist an markanten Reaktionen im Gesicht gut ablesbar. Die Augenbrauen werden nach oben gezogen, bleiben dabei aber gerade. Im Vergleich zur Emotion Überraschung erfolgt dieses Anheben etwas weniger stark. Auch die inneren Enden der Augenbrauen werden zusammengezogen und kommen sich näher als bei der Emotion Überraschung.

Es kann auch vorkommen, dass sich kleine Falten auf der Stirn abzeichnen. Die Augen sind starr und weit geöffnet, sodass das Weiße im Auge gut sichtbar wird. Die Lippen sind angespannt und werden leicht zurückgezogen. Wird nur der Mund ängstlich verzogen, liegt es nahe, dass das Gegenüber zwar Angst hat, diese aber zu verbergen versucht. Wenn sich die Signale für Angst auf die Augenbrauen beschränken, ist das Gegenüber besorgt.

Trauer und Verzweiflung

Im Gesicht eines Trauernden fehlt jegliche Muskelanspannung. Grundsätzlich verspüren wir die Emotion Trauer in unterschiedlicher Intensität immer dann, wenn wir jemanden oder etwas verlieren. Wenn zum Beispiel der Kontakt zu einem guten

Freund plötzlich abbricht, ist man vermutlich verzweifelt und fühlt sich allein gelassen. Wenn ein erwartetes Ereignis nicht eintritt, ist man vermutlich traurig und enttäuscht. Oder man fühlt sich hilflos, weil etwas nicht so funktioniert, wie man möchte. In der Folge ziehen wir uns meistens zurück oder werden wütend. Je nach Situation und Mentalität gehen wir also unterschiedlich mit dieser Emotion um.

Trauer erkennt man im Gesicht am besten an den Augenbrauen. Die Augenbrauen ziehen sich zusammen und über der Nasenwurzel leicht nach oben. Die äußeren Enden jedoch nicht, sodass die Augenbrauen ein wenig schräg stehen. Dadurch werden kleine senkrechte Falten zwischen den Augenbrauen deutlich sichtbar. Die Innenfalten des Oberlids werden ebenfalls nach oben gezogen. Es entsteht eine dreieckige Form, die für die Basisemotion Trauer besonders markant ist. Das Dreieck ist das wichtigste Merkmal, um Trauer zu erkennen, da es auch dann entsteht, wenn der innere Teil der Augenbrauen nur ganz leicht nach oben gezogen wird. Ist die Trauer besonders groß, wird auch das Unterlid angespannt.

In der unteren Gesichtshälfte sinken die Mundwinkel nach unten und formen leicht ein umgekehrtes U. Meist wird auch die Unterlippe nach vorn geschoben, sodass sich ein Schmollmund bildet. Die Haut auf dem Kinn kräuselt sich leicht. Oftmals ist der Blick leer und ohne Fokus.

Ekel

Findet man etwas ekelig, hält man sich davon fern. Genau dies ist auch der Zweck des Ekels. Er soll biologisch gesehen zeigen, dass etwas nicht gut für uns ist und dass man auf Abstand gehen sollte. Ein unangenehmer Geruch oder Geschmack oder eine Berührung sind die typischen Auslöser für Ekel. Es reicht schon der Gedanke daran, um die Emotion Ekel in uns auszulösen.

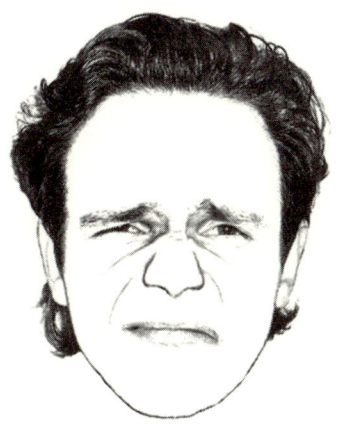

Verspürt man Ekel beim Anblick einer bestimmten Person, werden dadurch das Einfühlungsvermögen und somit auch das Sozialverhalten der Person gegenüber gestört. Erwachsene verspüren Ekel in Bezug auf Menschen oft dann, wenn sie bei ihnen moralisch verwerfliches Verhalten feststellen.

Ekel ist gekennzeichnet durch das Runzeln der Nase und das Hochziehen der Oberlippe. Dabei wird die Unterlippe leicht vorgeschoben und gegen die Oberlippe gezogen. Neben und oberhalb der Nase entstehen Falten. Wird der Ekel größer, sind diese Falten noch stärker ausgeprägt. Die Wangen werden ebenfalls angehoben und drücken dadurch die Unterlider nach oben. Die Augen erscheinen jetzt schmaler, und weitere Falten im Augenbereich bilden sich. Die Brauen werden leicht abgesenkt. Der Kopf neigt leicht nach hinten oder zur Seite, was ein Zeichen dafür ist, dass man auf Distanz geht.

Ekel kann leicht vorgetäuscht werden, da die Augenbrauen nur wenig und die Stirn fast gar nicht daran beteiligt ist. Sie können also nicht offenbaren, ob der Ekel echt ist. Ekel lässt sich aber auch schwer verbergen. Wenn man lächelt, dabei aber doch ein wenig Ekel verspürt, wird sich die Nase runzeln, auch wenn man es selbst gar nicht bemerkt.

Verachtung

Verachtung ist eine Emotion, die sich in der Emotionspsychologie aus Ekel und Wut zusammensetzt. Dennoch wird sie von verschiedenen Emotionsforschern als eigene Basisemotion anerkannt.

In ihrer extremen Form bedeutet Verachtung, andere Menschen als minderwertig zu bewerten und sich ihnen überlegen zu fühlen.

Verachtung kann sich von oben nach unten richten, wenn jemand mit höherem gesellschaftlichen Status die Personen von geringerem Ansehen als minderwertig betrachtet. Ein Abteilungsleiter, der von seinen Mitarbeitern glaubt, dass sie sowieso »nichts auf die Reihe kriegen«, wäre so ein Fall. Verachtung kann sich aber auch von unten nach oben richten, wenn beispielsweise die Mitarbeiter der Meinung sind, dass der Vorgesetzte seine Position gar nicht verdient hat.

Kennzeichnend für Verachtung ist der Mund. Ein Mundwinkel wird angespannt und leicht nach oben gezogen, als würde man versuchen zu lächeln. Es ist aber auch möglich, dass nur eine Seite der Oberlippe hochgezogen wird. Je weiter sich der Mundwinkel bzw. die Oberlippe anhebt, umso stärker ist die Verachtung.

Oftmals ist diese Emotion auch durch ein leichtes stoßartiges Ausatmen durch die Nase charakterisiert. Der Blick richtet sich meist nach unten auf die verachtete Person, ist aber für Verachtung zweitrangig.

Wut, Zorn und Ärger

Wut ist eine Emotion, die dann entsteht, sobald wir an etwas gehindert werden. Dies kann der Fall sein, wenn sich jemand unseren Plänen in den Weg stellt und etwas nicht so funktioniert, wie wir es uns vorgestellt hatten. Ein weiterer Auslöser für Wut ist Gewalt oder angedrohte Gewalt.

Wut ist nicht immer gegen andere Menschen oder Dinge gerichtet, sondern auch gegen einen selbst. Sie ist die gefährlichste der Basisemotionen, da man in der Wut Gefahr läuft, sein Gegenüber durch Worte oder gar körperlich zu verletzen. Wut in ihrer reinen Form ist nicht von langer Dauer, sondern vermischt sich schnell mit den Emotionen Angst oder Verachtung.

Ist man wütend, so werden die Augenbrauen zusammengezogen und gesenkt. Dabei entstehen senkrechte Falten zwischen den Brauen. Die Stirn wird nicht gerunzelt. Die Augen sind starr auf das Gegenüber gerichtet, und der Blick wirkt stechend. Je mehr das Unterlid angehoben wird, umso stärker ist die Wut. Die Augen werden somit schmaler. Der Mund ist meistens geschlossen, und die Lippen werden aufeinander gepresst. Möglich ist aber auch ein offener Mund, so als würde man jemanden anschreien.

Zusammengepresste Lippen sind oftmals das erste Anzeichen für Wut. Entdeckt man diesen Hinweis beim Gegenüber, kann es sein, dass ihm seine Emotion noch gar nicht bewusst ist.

Werden aber nur die Augenbrauen zusammengezogen und der Mund zeigt keinerlei Veränderungen, ist dies eher ein Zeichen für starke Konzentration. Erst wenn Mund und Augenbereich gleichzeitig die Hinweise für Wut signalisieren, kann man sichergehen, dass das Gegenüber wütend ist.

Freude

Die einzige eindeutig positive Emotion ist die Freude. Ein von Glück erfüllter Zustand, den wir vermutlich alle anstreben. Freude erlebt man immer dann, wenn etwas passiert, was glücklich macht, zum Beispiel das Erreichen eines angestrebten Ziels oder die Gesellschaft einer liebenswerten Person.

Ob sich jemand wirklich freut oder nur so tut, lässt sich gut erkennen. Oftmals besitzen wir ein intuitives Gespür, mit dem wir ein echtes Lächeln von einem gespielten unterscheiden. Letzteres wirkt meistens unnatürlich und aufgesetzt. Oftmals kann man unechte Freude auch an der Stimme erkennen.

Für ein echtes Lächeln werden zwei wichtige Muskeln im Gesicht verwendet. Der eine sorgt dafür, dass die Mundwinkel nach oben gezogen werden. Durch den anderen zieht sich der Augenbereich zusammen. Die Haut unter den Augenlidern spannt sich, und die Augenbrauen werden abgesenkt. Es entstehen kleine Lachfältchen neben den Augen. Daran kann man besonders gut erkennen, ob die Freude echt oder falsch ist, da dieser Mechanismus nicht gesteuert werden kann. Bewusst können nur die Mundwinkel beeinflusst werden. Erst die kleinen Falten, die durch das Zusammenziehen der Haut um die Augen entstehen, machen ein Lächeln zu einem echten.

Nutzen mimischer Informationen

Wird man in einem Gespräch mit Emotionen konfrontiert, sollte man zunächst mehr über die Ursachen der Gefühle herausbekommen. Dazu betrachtet man den Kontext. Wenn das Gefühl schon seit Gesprächsbeginn vorhanden war, ist es durchaus möglich, dass es rein gar nichts mit der aktuellen Situation zu tun hat. Viel wahrscheinlicher ist es dann, dass das Gefühl durch ein anderes Ereignis vor der Unterhaltung ausgelöst wurde. Oder aber der Gesprächspartner bringt durch dieses Gefühl seine Erwartungen an das Gespräch zum Ausdruck. Wird man sich dessen bewusst, ist es leichter, mögliche Einwände und Vorbehalte aufzulösen oder positive Erwartungen zu erfüllen.

Bei den Gefühlen Trauer, Wut, Angst, Ekel und Verachtung sollte man zu verhindern versuchen, dass sich das Gefühl beim Gegenüber voll und ganz ausbreitet. Schon auf leichte Anzeichen sollte man reagieren, indem man sein Gegenüber geschickt darauf anspricht. Überraschung ist ein Sonderfall, sie kann positiv oder negativ sein. Die Freude hingegen kann für den Gesprächsverlauf nur hilfreich sein, weil sie die Gesamtsituation positiv beeinflusst.

Erkennen Sie Angst im Gesicht Ihres Gegenübers, wissen Sie zunächst nicht, wovor es Angst hat. Es wäre schön, wenn man das nur aus dem Gesichtsausdruck ablesen könnte. Man muss dafür aber die gesamte Situation betrachten. Ist der Gesprächspartner schon vor dem Gespräch ängstlich, kann es sein, dass er mit einer schlechten Nachricht rechnet. Oder er versucht, etwas zu verheimlichen, und hat Angst davor, durchschaut zu werden. Wenn man hier zweifelt, sollte man versuchen, dem Gegenüber ein Gefühl von Sicherheit zu vermitteln. Nun gilt es der Sache behutsam auf den Grund zu gehen. Eine mögliche Aussage wäre: »Ich habe das Gefühl, Ihnen macht etwas sehr zu schaffen.« Hegt man den Verdacht, dass mehr dahintersteckt und einem etwas, das man wissen sollte, verheimlicht wird, kann man darauf reagieren, indem man sagt: »Ich glaube, dass es da noch etwas gibt, worüber wir mal sprechen sollten.« Die Chancen stehen gut, dass Ihr Gesprächspartner sich öffnet und zu erzählen beginnt.

Entdecken Sie Signale der Trauer, ist es das Wichtigste, dass man sie ernst nimmt. Wie man im Detail auf Trauer reagiert, hängt davon ab, wie eng das Verhältnis zwischen Ihnen und dem Gegenüber ist. In jedem Fall sollte die Person die Möglichkeit haben, sich zurückzuziehen. Man kann auch, vorausgesetzt, man tastet sich vorsichtig heran, ein Gespräch anbieten. Ein möglicher Einstieg dazu wäre: »Ich habe das Gefühl, dass etwas nicht in Ordnung ist.« Aber diese Option ist stark davon abhängig, ob man selbst die richtige Person ist, mit der das Gegenüber über seine Trauer sprechen will. Es ist fraglich, ob ein Mitarbeiter sich von seinem Chef trösten lassen will. Vielleicht ist hier ein Kollege oder Freund die bessere Wahl. Besonders wichtig ist wie gesagt, dass man langsam und behutsam vorgeht. Besser weniger sagen und dafür mehr zuhören. Wenn das Gegenüber soweit ist, sagt es von ganz allein, was los ist.

Auch auf Ekel kann man reagieren. Hat man gemeinsam mit dem Gegenüber etwas Ekliges wahrgenommen, wie z. B. verdorbenes Essen, benennt man das und wird damit sofort den Gedanken des Gegenübers aussprechen. Richtet sich der Ekel des Gegenübers aber gegen eine Person, sollte man die Beobachtung nicht direkt ansprechen. Man könnte entsprechend der Situation vorsichtig nachfragen bzw. eine vage Aussage formulieren, wenn man eine Vermutung über den Auslöser hat. Spricht man das Gefühl aber direkt an, wird es meistens noch stärker werden.

Verachtung beim Gegenüber kann bedeuten, dass es dieses Gefühl auf sich selbst, auf eine Sache oder aber auf uns richtet. Sollte Letzteres der Fall sein, ist es oftmals das Beste, einfach nichts zu tun und dieser Person aus dem Weg zu gehen. Es kann sein, dass sie sich uns aus irgendeinem Grund überlegen fühlt. Hier gibt es verschiedene Motive, die möglicherweise aus der Situation heraus geklärt werden können. Stellt man fest, dass die Signale zwischen Verachtung und Wut schwanken, kann das bedeuten, dass das Gegenüber selbst nicht genau weiß, was es gerade empfindet. Das Gefühl kann gerade im Entstehen begriffen sein. Nun gilt es, wie bei allen Gefühlen, Empathie zu zeigen. Dabei kann man versuchen, mehr über die Ursache herauszufinden und die Emotion eventuell aufzulösen. Jedoch sollte man die Person keinesfalls in die Enge treiben.

Bemerkt man Anzeichen von Wut im Gesicht des Gegenübers, sollte man besonders aufmerksam sein. Womöglich ist es auch nur der konzentrierte Blick, der der Wut ähnlich ist. Anderenfalls stellt sich die Frage, auf wen die Person wütend ist und warum.

Nehmen wir an, der Chef hat gerade seinem Mitarbeiter gekündigt und erkennt erste Signale von Wut. Das Gefühl entsteht also gerade. Bleibt die Frage, ob der Mitarbeiter auf sich selbst oder den Chef wütend ist. Wird er zornig, weil er denkt, dass er seinen Job besser hätte machen können und dass er dann nicht entlassen worden wäre? Oder ist er sauer auf seinen Chef, weil der doch genau weiß, dass er ohne Job seine Familie nicht ernähren kann? Daher sollte man wieder die Situation im Blick haben und daraus schlussfolgern, warum er verärgert ist. Wenn sich nun herausstellt, dass sich die Wut des Mitarbeiters gegen den Chef richtet, wie kann man dieser Emotion dann am besten begegnen? Würde man ihn fragen: »Sind Sie etwa wütend?«, ist die Wahrscheinlichkeit groß, dass die Wut verstärkt wird. Geschickter ist es, sich vorsichtig heranzutasten und zu beobachten. Anstatt einer plumpen Reaktion sollte gerade hier Einfühlungsvermögen gezeigt werden: »Ich kann gut nachvollziehen, dass Sie jetzt verärgert sind. Das tut mir leid« oder »Ich würde ganz genauso reagieren«. In dieser Situation kann man zusätzliche Hilfe anbieten.

Entdeckt man Freude im Gesicht des Gegenübers, stellt das im Normalfall kein Problem dar. Im Gegenteil, es ist gut und von Vorteil, zu wissen, was dem Gegenüber gefällt und positive Gefühle bei ihm auslöst. Lässt der Gesprächsverlauf es zu, noch einmal auf diesen Punkt zurückzukommen, kann so eine positive Gesprächsatmosphäre gehalten oder in kritischen Situationen wieder hergestellt werden. Spricht man zum Beispiel eingangs über den letzten Urlaub seines Gegenübers, kann man, wenn es passt, später noch einmal darauf zurückkommen und dadurch die damit verbundene gute Stimmung reaktivieren.

Auf die Emotion Überraschung folgt meistens eine andere, die uns zeigt, dass das, was gerade passiert ist, verarbeitet wurde. Die folgende Emotion beschreibt den wahren Gefühlszustand, auf den man entsprechend reagieren sollte. Wenn es in den Kontext passt, kann man aber, um die Gedanken des Gegenübers zu spiegeln und das Vertrauensverhältnis zu vertiefen, hinzufügen: »Vermutlich sind Sie überrascht.«

Wenn zum Beispiel der Chef seinem Mitarbeiter die Nachricht von der Beförderung überbringt, kann das Gesicht des Mitarbeiters zuerst Signale der Überraschung zeigen, die nach wenigen Augenblicken in Freude übergehen. Sagt der Chef nun etwas wie: »Ich weiß, dass es plötzlich kommt. Aber ich habe mir schon gedacht, dass Sie erfreut sein werden«, dann spricht er damit das aus, was der Mitarbeiter soeben wahrgenommen hat, und spiegelt seine Gedanken.

Universelle Aussagen

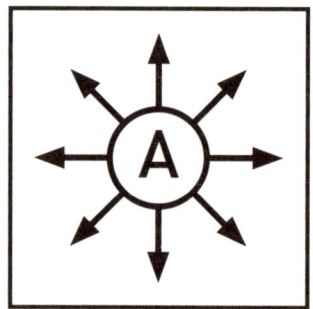 Ganz egal, woher ein Mensch kommt, welche Religion oder Kultur ihn prägt, wie er lebt oder wie vermögend oder arm er ist – alle Menschen haben bestimmte Gemeinsamkeiten, grundlegende Dinge, die fast jeder als wichtig erachtet und die ihn im Alltag beschäftigen. Jeder Mensch macht im Laufe des Lebens zwar seine eigenen Erfahrungen. Wenn wir jedoch die beiseitelegen, die besonders einschneidend waren, so bleiben uns noch immer viele Erfahrungen, die auf fast alle Menschen zutreffen, auch wenn man es nicht gleich vermutet.

Nehmen wir zum Beispiel die Liebe, ein Bereich, der starke Gefühle in uns auslöst. Die meisten Menschen sind auf der Suche nach Liebesglück oder versuchen, es zu halten, wenn sie es einmal gefunden haben. Egal ob arm oder reich, auch die finanzielle Situation beschäftigt die meisten. Wir überlegen, wo wir Geld herbekommen und wie wir es vermehren können. Wie sicher ist meine finanzielle Situation, welchen Lebensstil kann ich mir davon leisten? Ebenso ist es uns wichtig, dass wir und unsere Angehörigen gesund sind und bleiben.

Oftmals verhalten wir uns widersprüchlich. So kann es beispielsweise sein, dass wir sehr viel arbeiten, um Geld und Karriere zu machen. Gleichzeitig aber schaden wir mit diesem Verhalten unserer Gesundheit oder scheitern in der Liebe oder im Familienleben.

Aufgrund von Niederlagen, Rückschlägen und anderen Erlebnissen haben alle Menschen mitunter negative Gedanken. Auch wenn man glaubt, negative Gedanken verdrängen zu können, sind diese trotzdem im Unterbewusstsein gespeichert. Manche Menschen können mit Niederlagen gut umgehen, verbuchen sie als Erfahrungen und lenken ihre Aufmerksamkeit auf das Positive im Leben, um ihre Ziele zu erreichen. Andere schaffen das weniger gut, sodass Ängste, Sorgen, Zweifel oder Unsicherheit ihren Alltag bestimmen. So sorgt sich der eine um seine finanzielle Situation, der nächste um seine Gesundheit, und ein anderer wiederum zweifelt an sich und hat Angst zu versagen.

Es kann aber auch die Angst vor dem Tod oder einem Unglück sein, die uns bewegt und die sich auf einen selbst, die Familie oder Freunde beziehen kann.

Grundsätzlich beschäftigen uns aktuelle Ereignisse, und wir zweifeln oder haben sogar Angst, weil sie Fremdes und Unbekanntes mit sich bringen.

Angst kann auch mit einem Schuldgefühl einhergehen, nämlich dann, wenn wir negative Folgen als Konsequenz unseres Handelns befürchten.

Neben der Angst ist die Gier ein mächtiger Motivator unseres Handelns. Wir wollen Dinge besitzen und haben Angst, sie wieder zu verlieren.

Nur wenige Menschen sind wirklich glücklich. Meistens hat man Dinge oder Ziele vor Augen, die man noch nicht erreicht hat. Wenn man es dann geschafft hat, ist man für kurze Zeit zufrieden, bis das Ganze aufs Neue losgeht.

Oft schauen wir neidisch auf andere und sind dadurch unzufrieden und enttäuscht von dem, was wir selbst erreicht haben So freuen wir uns zum Beispiel über eine Gehaltserhöhung. Sobald wir aber feststellen, dass die des Kollegen üppiger ausgefallen ist als die eigene, werden wir unzufrieden und fragen uns, womit der Kollege das verdient hat.

Jeder Mensch macht in seinem Leben Erfahrungen, die seine Charakterzüge und Eigenschaften prägen. Niemand ist perfekt. Jeder hat irgendein Talent, das ihn besonders auszeichnet, dafür aber in anderen Bereichen Defizite.

So gibt es Menschen, die sehr intelligent sind, aber nur schlecht kommunizieren können und keine Freunde haben. Ein anderer ist attraktiv und kommt gut mit seinen Mitmenschen klar, ist aber geistig unterlegen.

Doch warum gehe ich auf diese allgemeinen Weisheiten ein? Es geht mir genau darum, den Fokus auf dieses einfache menschliche Verhalten zu richten. Das ist es, was man wissen muss, will man sich in die Gedankenwelt des Gegenübers hineinversetzen. Wenn man ein Verständnis von der menschlichen Natur entwickelt und sich in der Kommunikation darauf besinnt, schafft man sich die Grundlage, um die Gedanken anderer Menschen zu ergründen und zu verstehen.

Dabei geht es um vier grundlegende Lebensbereiche, in denen die meisten Menschen ähnliche Gedanken und Ziele aufweisen und zahlreiche Gemeinsamkeiten besitzen. Diese grundlegenden Lebensbereiche sind Liebe, Geld, Karriere und Gesundheit. Auch wenn diese Lebensbereiche bei jedem von uns individuell ausgeprägt sind, so existieren etliche Gemeinsamkeiten.

In der Kategorie Liebe ist alles zusammengefasst, was mit Beziehung, Familie, Romantik und Sex in Verbindung steht. Die meisten Menschen streben im Leben nach fester Partnerschaft. Dabei treten immer wieder ähnliche Erfahrungen auf.

Auch Paare, die die schönste und romantischste Beziehung führen, immer liebevoll miteinander umgehen und sich jeden Wunsch von den Augen ablesen, haben manchmal im Hinterkopf die Sorge, diese glückliche Partnerschaft zu verlieren.

Weiterhin ist der Sexualtrieb einer unserer grundlegendsten

Triebe. Viele Menschen zweifeln an der Treue ihres Partners. Aber nicht nur in puncto Treue, sondern auch viel allgemeiner wurde jeder schon einmal von einer nahestehenden Person enttäuscht, obwohl er damit nie gerechnet hätte.

Paare machen sich Gedanken darüber, wie es wäre, Kinder zu bekommen. Parallel entwickeln sich Sorgen. Was, wenn es plötzlich Zwillinge werden? Wird das Baby gesund sein? Wer bereits Kinder hat, weiß, dass diese Sorgen wahrscheinlich nie enden.

Sobald zwei Menschen zusammen leben, egal ob als Ehepartner, Freunde oder Wohngemeinschaft, treten früher oder später Reibungspunkte und Alltagsprobleme auf. Die einen schaffen es, diese ruhig und besonnen zu lösen, bei anderen kommt es zum Streit und anschließender Trennung.

Ein weiterer Lebensbereich, in dem Menschen ähnliche Gedanken und Ziele aufweisen, ist das Geld. Probleme entstehen vor allem, wenn kein oder zu wenig Geld da ist. Die Folge ist ein unruhiges und ungeduldiges Gefühl.

Nicht wenige Menschen sind der Auffassung, dass mit dem Geld auch das Ansehen steigt. Sie sind materiell orientiert, ihr Ziel ist ein bestimmter Besitz. Aber auch wenn dieses Ziel nicht bei jedem gleich hoch gesteckt ist, machen sich die meisten Menschen darüber Gedanken, wie sie an Geld kommen und wo sie es wieder ausgeben. Geld ist etwas, was die allermeisten interessiert und manche sogar dazu bringt, bis zum Äußersten zu gehen.

Auch die Karriere hat für viele einen hohen Stellenwert. Das beginnt in der Schule, geht weiter in den Jahren der Ausbildung, wenn wir entscheiden müssen, welchen Beruf wir ergreifen wollen. Weiterbildung im Berufsleben und sonstiges Lernen sind ebenso wichtig. Dabei stoßen wir immer wieder auf Neues.

Grundsätzlich wünscht sich jeder Mensch einen Job, der ihm Spaß macht, ein gutes Auskommen sichert und in der heutigen Zeit einigermaßen krisensicher ist. Viele wollen darüber hinaus die Karriereleiter nach oben klettern. Das gelingt nicht jedem im

gleichen Maße gut, sodass wir im Leben auch Rückschläge weg-
stecken müssen. Dazu benötigen wir Kraft und Ausdauer. Im
Übrigen halten sich die meisten Menschen für intelligenter als
ihre Mitmenschen, auch wenn sie das vielleicht nicht zugeben
möchten.

Der vierte Bereich, den viele Menschen ähnlich bewerten, ist
die Gesundheit. Ist es Ihnen wichtig, gesund zu sein? Ist es Ihnen wichtig, dass es Ihren liebsten Menschen gut geht? Sind Sie
besorgt, wenn eine Person, die Ihnen nahe steht, krank ist? Sehr
wahrscheinlich kann jeder diese drei Fragen mit Ja beantworten.

Gesundheit ist die Voraussetzung für ein unbeschwertes Leben. Zuerst geht es dabei um die eigene Gesundheit. Ist bei uns
alles okay, sorgen wir uns oft um Menschen in unserem näheren
Umfeld, wie Freunde oder Familie. Je älter man wird, desto mehr
rückt das körperliche Befinden in den Mittelpunkt.

Die meisten Menschen finden sich in der Beschreibung dieser vier grundlegenden Lebensbereiche wieder. Sicherlich sind
die Details bei einer jungen Frau etwas anders ausgeprägt als bei
einem reifen Mann. Unsere Aufgabe ist es nun, diese Details zu
ergründen, um noch tiefer in die Gedankenwelt des Gegenübers
einzutauchen.

Das Experiment von Professor Forer

Gemeinsam mit dem Hypnotiseur Thomas van der Grinten kam
ich eines Tages auf die Idee, eine Testreihe zum Gedankenlesen
durchzuführen, in der wir untersuchten, inwieweit wir wahre
Aussagen über eine völlig fremde Person treffen können, die wir
noch nie zuvor gesehen haben. Über regionale Zeitungsannon-
cen, in denen wir Menschen für ein Wahrnehmungsexperiment
suchten, meldeten sich bei uns zahlreiche Bewerber aus verschiedensten Bevölkerungsschichten und unterschiedlichen Ge-
schlechts, die wir einzeln einluden.

Nach einem kurzen Vorgespräch begannen wir das Experiment damit, dass sich die jeweilige Testperson eine von fünf offen auf dem Tisch liegenden Symbolkarten aussuchte. Darauf waren ein Kreis, ein Kreuz, Wellenlinien, ein Viereck oder ein Stern abgebildet. Wir gaben nun vor, aus der jeweils gewählten Symbolkarte auf die Persönlichkeit der Testperson schließen zu können, was natürlich nicht möglich ist. Mit ernstem Gesicht schauten wir dann den Probanden in die Augen und erzählten ihnen die verschiedensten Dinge über sie selbst. Anschließend füllten sie einen Fragebogen aus, in dem sie beurteilten, inwieweit wir mit unseren Aussagen richtig lagen. Im Ergebnis betrug unsere Trefferquote fast 85 Prozent.

Besonders interessant waren die Reaktionen, die die Probanden zeigten. Sie reichten von erstaunten Blicken bis hin zu bewundernden Kommentaren, weil wir scheinbar so viel über die Personen wussten. »Wow, wie haben Sie das gemacht?«, fragte jemand.

Wie war es uns gelungen, die Personen so gut einzuschätzen? Es ist recht einfach. Wir haben jedes Mal, ganz egal, welcher Proband vor uns saß, einen gleichlautenden, aber speziellen Text aufgesagt, der auf fast jeden Menschen zutrifft:

»Sie brauchen die Zuneigung und Bewunderung anderer, dabei neigen Sie zu Selbstkritik. Zwar hat Ihre Persönlichkeit einige Schwächen, doch können Sie diese im Allgemeinen ausgleichen. Sie haben beträchtliche Fähigkeiten, die brachliegen, statt dass Sie sie zu Ihrem Vorteil nutzen. Äußerlich diszipliniert und kontrolliert, fühlen Sie sich ängstlich und unsicher. Mitunter zweifeln Sie ernstlich an der Richtigkeit Ihres Tuns und Ihrer Entscheidungen. Sie bevorzugen ein gewisses Maß an Abwechslung und Veränderung, und Sie sind unzufrieden, wenn Sie von Verboten und Beschränkungen eingeengt werden. Sie sind stolz auf Ihr unabhängiges Denken und nehmen anderer Leute Aussagen nicht unbewiesen hin. Doch erachten Sie es als unklug, sich anderen zu freimütig zu öffnen. Manchmal verhalten Sie sich extrovertiert, leutselig und aufgeschlossen, manchmal auch introvertiert, skeptisch und zurückhaltend. Ihre Wünsche scheinen mitunter eher unrealistisch.«

Professor Bertram Forer, US-amerikanischer Psychologe an der Veterans Administration Mental Hygiene Clinic in Los Angeles, hat das soeben beschriebene Experiment bereits 1948 durchgeführt. Unter dem Vorwand eines Persönlichkeitstests ließ er seine Studenten einen Fragebogen ausfüllen. Eine Woche später gab er ihnen die Auswertung. Die Studenten sollten dann, wie auch die Freiwilligen in unserem Test, auf der Skala von null bis fünf entscheiden, inwieweit sie sich in der Auswertung wiederfinden. Der Punktedurchschnitt betrug 4,26. Auch hier bekam jeder Student den speziellen Text vorgelegt. Der Text war der gleiche wie in unserem Experiment. Es ist die deutsche Übersetzung.

Historisch geht dieses Experiment von Professor Forer auf den Zirkusdirektor Phineas Taylor Barnum aus dem 19. Jahrhundert zurück. Dieser war zu seiner Zeit bekannt für sein Kuriositätenkabinett, in dem unter anderem auch eine Zigeunerin das Handlesen anbot. Ferner soll P. T. Barnum Menschen zu Hellsehern ausgebildet haben. Natürlich besaßen diese Personen keine übernatürlichen Fähigkeiten. Sie konnten aber das von Barnum Gelernte gut anwenden, um die Menschen von ihren »Fähigkeiten« zu überzeugen. Daher ist die hinter dem Experiment von Professor Forer steckende Wirkung auch als Barnum-Effekt bekannt. Die Bezeichnung führte der Psychologe Paul Meehl ein.

In diesem Zusammenhang erinnere ich mich auch an eine Dozentin an der Uni. Sie ist Psychologin und erzählte mir einmal von ihrem Versuch mit diesem speziellen Text. Beim Stammtisch mit ihren Kollegen ließ sie ähnlich wie Prof. Forer einen Fragebogen zur Person ausfüllen. Zum nächsten Treffen gab sie jedem eine Auswertung über dessen Charaktereigenschaften und wollte wissen, inwieweit sich jeder darin wiederfindet. Obwohl auch diesmal jeder den gleichen Text bekam, stimmte dieser im Durchschnitt zu 70 Prozent mit der Persönlichkeit jedes Befragten überein. Besonders interessant dabei: Jeder der Teilnehmer war in Psychologie geschult. Obwohl also alle Testteilnehmer schon mal von Professor Forers Experiment gehört hatten, funktionierte der Test.

Auch in meinen Vorträgen und Seminaren führe ich diesen Test durch. Ich suche mir ein paar Personen heraus, behaupte, sie vorher beobachtet zu haben, und gebe ihnen die angeblich auf sie zugeschnittene Persönlichkeitsbeschreibung. Die Ergebnisse sind immer ähnlich. Bevor ich das Geheimnis lüfte, dass alle den gleichen Text bekommen haben, sehe ich, wie verwundert und ratlos meine Teilnehmer schauen, weil sie sich so gut beschrieben gefühlt haben. Wenn ich das Experiment dann auflöse, sind sie verblüfft.

Doch warum funktioniert dieser Test? Menschen akzeptieren allgemeingültige Aussagen als zutreffende Charakterisierung der eigenen Persönlichkeit. Schauen wir uns jetzt den Text von Professor Forer genauer an und analysieren, warum dieser auf fast alle Menschen zutrifft.

Die erste Aussage besagt, dass wir gerne von anderen Menschen bewundert oder zumindest anerkannt werden wollen. Jeder von uns wünscht sich Zuneigung. Gleichzeitig sind wir alle kritisch gegenüber uns selbst. So fragen wir uns, wie wir auf andere wirken oder ob das, was wir tun, richtig ist. Die Eigenschaft »selbstkritisch« bezieht sich im Text auf keinen speziellen Bereich, sodass jeder für sich das Richtige hineininterpretieren kann. Letztendlich vollendet unser Gesprächspartner den Gedanken und nimmt an, dass auch wir genau das meinten, was er denkt.

Aus der nächsten Aussage geht hervor, dass wir eine Schwäche haben, mit der wir umzugehen wissen. Wie jeder Mensch Stärken besitzt, gibt es Bereiche in seinem Leben, die ihm nicht liegen und bei denen er einen Nachteil hat. Auch hier wissen wir nichts Genaueres. Trotzdem wird das Gegenüber annehmen, dass wir um seine Schwäche wissen. Außerdem versucht er, diese Schwäche im Alltag zu umgehen. Bei dem einen ist es vielleicht die Angst vor Hunden, sodass er versucht, ihnen nicht zu nah zu kommen. Ein anderer hat vielleicht Barrieren beim Telefonieren, weshalb er Anrufe auf die lange Bank schiebt oder E-Mails schreibt. Zumindest hat jeder seine Strategien, um Schwächen auszugleichen.

Weiterhin geht es im Text um eine beliebige Fähigkeit, die wir nicht zu unserem vollen Vorteil nutzen. Es kann sich zum Beispiel um ein berufliches Projekt handeln, das wir demnächst umsetzen wollen. Fällt dem Probanden nichts ein, warum diese Aussage auf ihn zutreffen könnte, dann ist das auch okay, denn laut Text liegt diese Fähigkeit ja noch brach. Da man sie nicht nutzt, kann es sein, dass man sie noch gar nicht kennt, obwohl sie vielleicht im Unterbewusstsein schlummert und darauf wartet, entdeckt zu werden. Gleichzeitig ist diese Aussage auch etwas sehr Positives, da jeder gern von sich hört, dass er talentiert sei. Wollen wir nicht alle ein wenig aus der Masse hervorstechen?

Im ersten Teil der nächsten Aussage heißt es, dass wir uns nach außen kontrolliert und diszipliniert geben. So weit so gut, denn wer würde schon von sich behaupten, dass er sich nicht unter Kontrolle hätte? In den meisten Situationen halten wir uns für diszipliniert.

Weiterhin geht es um unsere Angst, etwas falsch zu machen. Sobald wir Verantwortung übernehmen, besteht die Angst, eine falsche Entscheidung zu treffen. Je größer die Verantwortung, umso größer kann die Angst sein. Natürlich sind manche Menschen unsicherer als andere, und die Intensität der Verunsicherung kann variieren. Dennoch ist in der Regel niemand frei von Ängsten. Wir alle streben nach Sicherheit, nach der Bedürfnispyramide von Maslow stellt sie sogar unser zweitwichtigstes Ziel dar.

Wir alle brauchen einen gewissen Grad an Abwechslung, da unser Leben sonst sehr eintönig verlaufen würde. Genauso lassen wir uns ungern einschränken und sind davon überzeugt, unabhängig zu denken und kritisch zu hinterfragen. Dieser Aussage stimmt jeder zu, weil wir alle in unserer Selbstwahrnehmung frei sein wollen. In der Realität muss das nicht zutreffen. Wichtig ist nur, dass wir annehmen, wir würden frei denken und kritisch urteilen. Genauso könnte ich behaupten, dass der Betreffende sich in bestimmten Situationen von seinem Bauchgefühl leiten lässt, was dem kritischen Hinterfragen und Urteilen komplett widerspräche. Aber trotzdem würden die meisten Menschen diese Aussage bejahen.

Fast jeder wurde in seinem Leben schon mal enttäuscht. Vielleicht haben wir einer Person zu schnell vertraut und mussten später feststellen, dass wir uns in ihr getäuscht haben. Daraus haben wir gelernt, uns anderen zukünftig nicht mehr so schnell zu öffnen. Dennoch tun wir es, wenn auch nicht bewusst. Gleichzeitig geht aus der Aussage hervor, dass wir klug sind, was soweit niemand bestreiten würde.

Die nächste Aussage ist besonders interessant, da sie verschiedene Situationen beschreibt, ohne wirklich zu sagen, welche gemeint sind. Jeder kennt Momente, in denen er offen auf Menschen zugeht und einfach aus sich herauskommt. Andererseits gibt es genauso Situationen, in denen wir zurückhaltend auftreten, weil wir zum Beispiel gedanklich mit einem Problem beschäftigt sind. Jeder kann hier für sich selbst Situationen in seinem Leben ausmachen, in denen er sich extrovertiert oder introvertiert verhalten hat, und wird dann feststellen, dass auch diese Aussage zutrifft.

Zum Schluss heißt es, dass unsere Wünsche mitunter unrealistisch erscheinen. Wünsche sind meist Träume. Sind Träume real? Nein, meist sind sie zugespitzt oder verzerrt. So ist es auch

TEIL II   Gedanken entschlüsseln

mit unseren Wünschen. Manche Menschen wünschen sich etwas, was in der Realität eigentlich nicht möglich ist. In diesem Sinne kann ein Wunsch unrealistisch sein. Andere haben vielleicht realisierbare Wünsche, glauben aber trotzdem nicht daran. Hier beschreibt unrealistisch die jeweilige Sicht auf die eigenen Wünsche.

Universell und dennoch charakteristisch

Es gibt nicht wenige Menschen, die schon mal eine Wahrsagerin konsultierten und sich die Karten legen oder aus der Hand lesen ließen. Andere haben vielleicht ähnliche Erfahrungen mit Glückskeksen oder einem Zeitschriftenhoroskop gemacht. Denn genau dort wird der Barnum-Effekt genutzt, sodass wir uns meist in den Aussagen von Kartenlegern, Wahrsagern und Horoskopen wiederfinden, ohne dass sie etwas mit uns persönlich zu tun hätten.

Die Technik der universellen Aussagen funktioniert dank des Barnum-Effekts. Es sind einfache Behauptungen, die auf einen Menschen charakteristisch wirken. Das Gegenüber wird sich in den Aussagen beschrieben fühlen. In Wirklichkeit aber sind sie sehr allgemein und oft zweideutig gehalten, sodass sie auf jede x-beliebige Person anwendbar sind.

Einige der universellen Aussagen bedienen das Wunschdenken der Menschen. Das bedeutet, man beschreibt eine Person so, wie sie gern von anderen wahrgenommen werden möchte. Daher ist es auch egal, ob das, was man sagt, wirklich stimmt. Wichtig ist nur, dass das Gegenüber es als richtig erachtet und zustimmt. Besonders deutlich wird das an folgendem Beispiel:

»Ihr offenherziger Umgang mit Menschen hat Ihnen im Leben sehr geholfen.«

116

Es gibt nur wenige, die das abstreiten und von sich sagen würden, dass sie anderen schon immer hinterher laufen mussten, weil ihr Charakter eher als kratzbürstig zu beschreiben sei. Den Wunsch, mit anderen Menschen gut umgehen zu können, greifen wir auf und sprechen ihn aus. Darauf erhält man sehr schnell Zustimmung, und der Gesprächspartner wird sich bestätigt fühlen.

Man kann diese Form der universellen Aussagen auch als Schmeicheln bezeichnen. Vereinfacht ist das richtig. Jeder von uns findet es angenehm, Komplimente zu bekommen. Auch wenn wir es ungern zugeben.

Grundsätzlich wird man mit positiven Aussagen schneller Sympathie erzeugen als mit negativen. Im gewissen Maß können aber auch negative Aussagen, wenn sie nicht zu hart kommuniziert werden, starke Wirkung entfalten. Sie signalisieren, dass wir das Problem unseres Gegenübers erkannt haben und uns in ihn einfühlen können. Negative Aussagen nehmen aber auch Einwände vorweg und schwächen sie ab, zum Beispiel in Verkaufsgesprächen.

Ich habe einige universelle Aussagen zusammengefasst. Sie sollten sich die heraussuchen, die einem gefallen und die man sich auf Anhieb gut merken und einprägen kann. Will man sich auf ein Gespräch besonders vorbereiten, wählt man die Behauptungen aus, die am besten zum Thema und zur Situation passen. Man wird feststellen, wie einfach und vielseitig einsetzbar diese universellen Aussagen sind.

- Sie haben eine Schwäche, doch Sie haben gelernt, damit umzugehen.
- Sie haben schon einmal in Ihrem Leben eine Vorahnung gehabt, die sich erfüllt hat.
- Oft unterstellen Sie Ihren Mitmenschen, die gleichen Fähigkeiten zu haben wie Sie, und haben damit schon negative Erfahrungen gesammelt.

- Sie wollen bestimmt nur das Beste.
- Ihnen ist es unangenehm, vor großen Gruppen zu sprechen.
- Sie haben sich schon einmal massiv in einer Beziehung verrannt.
- Es gibt jemanden in Ihrem Leben, der Sie weit vorangebracht hat.
- Sie haben bestimmt schon mal etwas getan und sich anschließend tierisch darüber geärgert.
- Es gibt jemanden, zu dem Sie aufschauen, jemand, der Ihr Ideal verkörpert.
- Es gibt Momente in Ihrem Leben, in denen Sie Unruhe und Unsicherheit spüren.
- Sie wünschen sich, von anderen Menschen gemocht und bewundert zu werden.
- Sie sind kritisch gegenüber sich selbst.
- Auch wenn Sie nach außen sehr gefasst wirken, gibt es Momente in Ihrem Leben, in denen Sie sich fragen, ob sie das Richtige getan, die richtige Entscheidung getroffen haben.
- Sie sind stolz auf Ihr unabhängiges Denken.
- Sie nehmen anderer Menschen Aussagen nicht unbewiesen hin.
- Sie finden es unklug, sich anderen zu freimütig zu öffnen.
- Sie halten sich für nett und ehrlich und wünschen sich das auch von Ihren Mitmenschen.
- Sie haben etwas gegen Unaufrichtigkeit.
- Sie sind Ihren Mitmenschen oftmals einen Schritt voraus.
- Sie haben einen ausgeprägten Gerechtigkeitssinn.
- Sie wollen das, was Sie nicht mögen, auch nicht verstehen.
- Vermutlich kennen Sie die Situation, in der man den Wald vor lauter Bäumen nicht sieht.
- Manchmal geben Sie vor, etwas zu verstehen, nur um in

einer bestimmten Situation voranzukommen und nicht zugeben zu müssen, dass Sie keine Ahnung haben.

- Es gibt in Ihrem Leben Wünsche, die sich nicht so realisiert haben, wie Sie es erwartet hätten.
- Sie besitzen eine Fähigkeit, die Sie noch nicht voll ausschöpfen.
- Sie schätzen ein gewisses Maß an Abwechslung.
- Wenn Sie mit anderen Menschen zusammenarbeiten, wollen Sie sich auch auf sie verlassen können.
- Sie sind unzufrieden, wenn Sie eingeschränkt werden.
- Manchmal verhalten Sie sich aufgeschlossen gegenüber anderen Menschen und gehen auf sie zu. Es gibt aber auch Zeiten, in denen Sie eher zurückhaltend sind.
- Sie sind den Anregungen Ihrer Mitmenschen gegenüber offen.
- Wahrscheinlich werden Sie nur dann zufrieden sein, wenn Sie sicher sind, dass wirklich alles passt.
- Ihre harte Arbeit wird nicht so belohnt, wie Sie es sich erhofft haben.
- Sie haben Talent. Dennoch müssen Sie sich anstrengen.
- Ihr offenherziger Umgang mit Menschen hat Ihnen im Leben sehr geholfen.
- Es ist immer gut, wenn man Zeit und Geld sparen kann.
- Es gibt für Sie keine unlösbaren Probleme, nur ungewöhnliche Lösungen.
- Ihr gutes Gespür für aktuelle Trends bringt Ihnen Pluspunkte.
- Sie denken oft über Ihre Karrieremöglichkeiten nach.
- Sie verlieren nie Ihren Optimismus.
- Ihre finanzielle Situation ist Ihnen wichtig.

Mit ein bisschen Kreativität kann man sich selbst leicht weitere universelle Aussagen für den eigenen Themen- und Arbeitsbereich formulieren. In Horoskopen findet man viele weitere universelle Aussagen. Man muss sie nur sammeln und dann die jeweils passenden heraussuchen und eventuell umformulieren. Auch alte Volksweisheiten bieten hier eine gute Quelle.

Männer und Frauen

 Es gibt viele Möglichkeiten, Informationen über Menschen zu kategorisieren. Einfacher ist es jedoch, auf ein natürliches System zurückzugreifen. Sehr nah liegt die Unterscheidung zwischen männlichen und weiblichen Gedankenwelten. Wichtig ist, dass wir uns auf die Unterschiede konzentrieren. Es geht also nicht um die Frage, was besser oder schlechter ist, sondern darum, welche natürlichen Unterschiede zwischen Männern und Frauen uns beim Einstieg in die Gedankenwelt unseres Gesprächspartners helfen können.

Die Gehirnstruktur von Männern und Frauen hat sich über Millionen von Jahren unterschiedlich entwickelt. Um das Überleben zu sichern, gingen Männer auf die Jagd und beschützten ihre Familie. Frauen sammelten Früchte und Beeren, kümmerten sich um die Zubereitung des Essens und hielten das Feuer in der Höhle am Brennen. Dadurch passten sich die Körper immer mehr den Anforderungen der jeweiligen Geschlechteraufgaben an. Auch im Gehirn fanden entsprechende Veränderungsprozesse statt.

Wissenschaftler haben herausgefunden, dass Frauen und Männer Informationen unterschiedlich verarbeiten, was zu ungleichen Überzeugungen und Verhaltensweisen führt. Besonders unterscheidet sich die Sinneswahrnehmung beider Geschlechter. Frauen besitzen viel feinere Sensoren als Männer. Dies ermöglichte es ihnen, ihrer Aufgabe als Mutter und Nesthüterin nachzukommen. Sie können feine Stimmungsschwankungen und Veränderungen im Verhalten anderer, besonders bei ihren Kindern, wahrnehmen. Da die Männer mit der Jagd beschäftigt waren, blieb ihnen nicht die Zeit, das Deuten der zwischenmenschlichen Kommunikation zu erlernen. Hinzu kommt, dass das Gehirn der Frauen aktiver ist, wie der Neuropsychologe Professor Ruben Gur bewiesen hat. Im Ruhezustand haben Männer eine Gehirnaktivität von bis zu 30 Prozent. Bei Frauen liegt sie um die 90 Prozent. Frauen nehmen also ständig Informationen aus der Umwelt auf und analysieren sie. Um das Nest vor wilden Tieren und Angreifern zu schützen, mussten Frauen einen möglichst guten Überblick haben. Frauen haben deswegen ein größeres peripheres Sehvermögen als Männer. Da Männer ihre Beute auch aus der Ferne erspähen können mussten, ist ihr Sehen tunnelförmig eingestellt. Dadurch können Männer sich besser auf bestimmte Dinge in der Entfernung fokussieren.

In dem oberen Bild konzentriert sich das Gehirn zuerst auf die grauen Flächen, sodass es wie eine Menge verschiedenartiger Formen aussieht. Betrachtet man diese Abbildung genauer und konzentriert sich auf die weißen Zwischenbereiche, so wird man das Wort »FIT« lesen können. Es hat sich herausgestellt, dass Frauen es eher erkennen als Männer.

Das männliche Gehirn schätzt ein, wie die Dinge, die es wahrnimmt, im Verhältnis zueinander stehen, indem es deren räumliche Lage analysiert. Frauen hingegen nehmen ein weitgefasstes Bild auf und können dennoch kleine Details wahrnehmen. Sie interessieren sich weniger für die räumliche Lage, sondern versuchen die Beziehung zwischen den Dingen zu erkennen.

Die weibliche Gedankenwelt

Viele Frauen träumen von Liebe und Romantik. Die emotionale Welt ist für Frauen meist sehr wichtig. Veränderungen in diesem Bereich beschäftigen sie meist intensiver als Männer. Frauen versuchen öfter eine Beziehung aufzubauen und sind eher bereit, eine Ehe einzugehen. Liebe, Treue und Anerkennung sind ihnen besonders wichtig. Im Bereich Liebe spielt auch die Familie eine große Rolle. Frauen verspüren meist einen großen Helferdrang und möchten sich um andere kümmern, was man auch als mütterlichen Instinkt bezeichnen kann.

Von Männern erhoffen sich Frauen, dass ihre verbalen und körpersprachlichen Signale erkannt und gedeutet werden. Sie wollen, dass Männer ihre Wünsche von den Augen ablesen, und sind dann meist enttäuscht, wenn sie es nicht schaffen. Dabei besitzen Frauen aufgrund ihrer früheren Aufgabe als Nesthüterin intensivere sensorische Fähigkeiten als Männer und nehmen deswegen Veränderungen bei sich und anderen schneller wahr. Da sie diese Eigenschaft bei Männern vermissen, empfinden sie diese oftmals als gefühllos und gleichgültig und werfen ihnen Desinteresse vor.

Frauen sind generell kommunikativer und besitzen mehr Worte für die Beschreibung von Gefühlen als Männer. Dies spiegelt sich auch in ihrer Art und Weise, wie sie etwas sagen, wider.

Sie beschreiben eine erfolgreiche Person zum Beispiel als jemanden, der ein gutes Händchen hat.

Wenn Frauen etwas erzählen, tun sie das meist sehr detailliert. Der Austausch mit anderen ist ihnen wichtig. Es ist für sie eine Möglichkeit, Probleme zu bewältigen. Danach fühlen sie sich meist erleichtert. Aufgrund ihrer Multitaskingfähigkeit können sie sich nebenbei noch anderen Dingen zuwenden.

Grundsätzlich sind Frauen emotionaler als Männer und zeigen diese Gefühle nach außen. Sie glauben von sich, besonders rücksichtsvoll mit den Gefühlen ihrer Mitmenschen umzugehen, und spüren daher schnell, was los ist. Oftmals ist auch die Rede von weiblicher Intuition. Das liegt daran, dass Frauen häufiger als Männer auf ihr Bauchgefühl hören.

Wenn Frauen Menschen um sich haben, denen sie vertrauen können, fühlen sie sich sicherer. Sie streben nach einer harmonischen Gemeinschaft und pflegen intensiver als Männer ihre Kontakte zu anderen. Frauen konzentrieren sich also mehr auf das Miteinander und die Kommunikation. Sie sind meist Harmonie-Menschen und suchen die Zusammenarbeit. Frauen können sich selbst besser Fehler eingestehen und tun dies auch gegenüber anderen. Sie fragen öfter nach Hilfe als Männer, wenn sie nicht weiter wissen. Das Eingeständnis ist ein Zeichen dafür, dass sie ihren Mitmenschen vertrauen.

Das Thema Gesundheit ist Frauen wichtiger als Männern, besonders in Bezug auf ihre Kinder. Mit Freundinnen können sie besonders gut darüber sprechen. Bei Männern stoßen sie schnell auf Unverständnis und sind frustriert, wenn diese nicht nachempfinden, dass es ihnen schlecht geht.

Geld und Karriere kommen in der Regel erst an zweiter Stelle, nach dem Zwischenmenschlichen. Jedoch gibt es auch von dieser Regel Ausnahmen.

Häufige Gesprächsthemen von Frauen sind Liebesbeziehungen und Freundschaften, Kinder, das Verhalten anderer, Kleidung und persönliche Probleme.

Wenn das Gegenüber eine Frau ist, wird man mit folgenden Aussagen gute Treffer erzielen:

- Als Sie schwanger waren, haben Sie sich darüber Gedanken gemacht, wie es wäre, Zwillinge zu bekommen.
- Sie hatten Angst davor, eine Fehlgeburt zu erleiden.
- Sie haben schon mal mit dem Gedanken gespielt, ein Kinderbuch zu schreiben.
- Sie reagieren sehr empfindlich, wenn es um einen bestimmten Mann geht.
- Ihr Wunsch ist es, ein friedliches und produktives Familienleben zu führen, daher fürchten Sie die Vorstellung, dass Ihr Mann oder Freund Sie betrügen könnte.
- Sie suchen die Unabhängigkeit, sorgen sich aber um die Probleme, die die Freiheit bringen könnte.

Die männliche Gedankenwelt

Die meisten Männer interessieren sich für Geld und alles, was damit zusammenhängt. Dabei geht es vielen aber nicht allein um ein prall gefülltes Bankkonto, sondern eher um Geld als Mittel zum Zweck. Männer interessieren sich für Dinge, die man benutzen kann, wie Autos, Motoräder oder Computer. Das Geld steht oftmals für materielle Dinge, die den Lebensstil verbessern, Männlichkeit ausstrahlen und zeigen, dass man(n) unabhängig ist.

Männer definieren sich über das, was sie erreicht haben. Folglich dient Geld oft dazu, den Status zu heben, um mehr Ansehen und Bestätigung von anderen zu erlangen.

Männer streben nach Unabhängigkeit und beschützen sie. Sie sind ehrgeizig und wollen Sicherheit. Daher ist die größte Angst eines Mannes oftmals das Scheitern oder das Verlieren. Sie wollen nicht, dass andere ihnen sagen, was sie tun sollen. Ebenso werden sie nicht gern korrigiert und auf Fehler hingewiesen, da sie der Meinung sind, alles selber zu wissen. Männer haben gerne alles im Blick. Deshalb setzen sie sich in Restaurants am liebsten mit dem Rücken zur Wand, um die Übersicht zu behalten.

Männer, die unter Druck stehen, meiden körperliche Berührungen und ziehen sich zurück. Wenn sie über eine Lösung nachdenken, dann tun sie dies schweigend und reden in Gedanken mit sich selbst. Männer sind Praktiker und begegnen Problemen eher zielorientiert, indem sie versuchen, durch Logik eine Lösung zu finden. Dabei widmen sie sich lieber einer Aufgabe zu 100 Prozent und erledigen anschließend die nächste.

Männer spüren ein Verlangen nach Bestätigung. Es ist ihnen wichtig, dass jemand zum Ausdruck bringt, dass das, was sie machen, gut ist. Anstatt einen Rat anzunehmen, erteilt ein Mann lieber anderen seinen Rat. Dies erfüllt ihn, da er so seine persönliche Kompetenz ausstrahlen und zeigen kann, wie fähig er ist.

Immer noch kommen bei vielen Männern Familie und Liebe an zweiter Stelle. Ihnen ist es wichtig, für ihre Partnerin und die Kinder sorgen zu können. Freundschaften zählen ebenso zu diesem Bereich. Meistens können Männer mit anderen Männern besser kommunizieren als mit Frauen, denn viele Männer finden, dass Frauen zu viel reden und nicht zum Wesentlichen kommen. Der Wortschatz eines Mannes ist strukturierter und einfacher gestaltet als bei Frauen. Daher haben sie häufiger als Frauen Schwierigkeiten, sich auszudrücken.

Ihre Gefühle zeigen Männer nur sehr selten, da es für sie unangenehm ist, Schwächen preiszugeben. Wenn sie aber doch einmal über ihre Gefühlswelt sprechen müssen, vertrauen sie sich ihren männlichen Freunden meist eher an als ihrer Partnerin. Dies zeigt auch, dass Männerfreundschaften emotional betrachtet intensiver sein können als die Beziehung zu einer Frau. Männer vergeben anderen ihre Fehler meist schneller, als Frauen dies tun, da sie in die Zukunft blicken und die Vergangenheit hinter sich lassen.

Gesundheit steht an letzter Stelle und ist für Männer ein eher unwichtiges Thema. Sie gehen oftmals erst dann zum Arzt, wenn es fast zu spät ist. In körperlichen oder sportlichen Aktivitäten sind Männer meist so intensiv involviert, dass sie oft nicht bemerken, wenn sie sich verletzt haben.

Typische Gesprächsthemen von Männern sind Sport, Arbeit, Technik, zukünftige und schon erreichte Ziele.

Diese Aussagen werden die meisten Männer bejahen:

- Sie reagieren überempfindlich oder mit übertriebenem Beschützerinstinkten, wenn es um eine bestimmte Frau geht.
- Sie wissen sich in jeder Lebenslage zu helfen.
- Sie haben schon einmal mit dem Gedanken gespielt, ein Survival Camp zu besuchen.
- Sie haben Angst davor, in einer Beziehung ausgenutzt zu werden, und geben sich deshalb gern selbstbewusst und unabhängigkeitsliebend.
- Zurückweisung ist für Sie ein sehr unangenehmes Gefühl.
- Geld und Macht zu besitzen, ist Ihnen wichtig, denn Sie möchten anderen gerne überlegen sein.
- Sie haben Angst davor, Ihren Besitz zu verlieren und arm zu sein.
- Sie haben Angst, hilflos zu sein.
- Sie haben Angst, keine Zuneigung zu bekommen.
- Sie wollen vorankommen im Leben.
- Es gibt Situationen, in denen Sie sich fragen, ob Sie mit anderen mithalten können.
- Freiheit und Unabhängigkeit sind Ihnen wichtig, daher möchten Sie sich ungerne auf andere verlassen müssen.

Lebensphasen

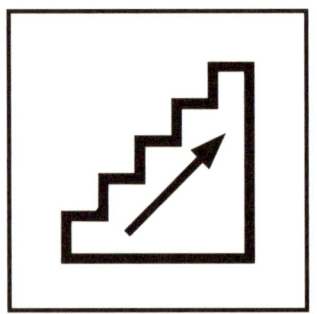

Kennt man das Alter seines Gegenübers oder kann es in etwa einschätzen, ist man in der Lage, mit großer Treffsicherheit zu sagen, was ihn derzeit gedanklich beschäftigt und bewegt. Viele Menschen sind zwar der Meinung, dass jeder einzelne von uns seine eigenen, ganz persönlichen Erfahrungen im Leben macht. Dies stimmt aber nur zu einem Teil. Jeder Lebenslauf hat zwar eine gewisse Einzigartigkeit, dennoch gibt es viele Gedanken, Wünsche und Probleme, die für die verschiedenen Phasen des menschlichen Lebens typisch sind und von allen Menschen ähnlich durchlebt werden. Dadurch ist es sogar möglich, bestimmte Voraussagen zu treffen, weil der natürliche Lauf des Lebens von ganz allein dazu führt, dass das Vorhergesagte eintritt. Untersuchungen zu den Lebensphasen geben uns Auskunft darüber, wie ein Mensch in der entsprechenden Altersgruppe tickt.

Die acht Lebensphasen

Der Psychoanalytiker Erik H. Erikson entwickelte ein Stufen-
modell der psychosozialen Entwicklung. Dieses Schema teilt das
Leben von der Geburt bis zum Tod in acht Phasen ein. In jeder
Stufe gibt es einen spezifischen Konflikt, mit dem sich das Indi-
viduum aktiv beschäftigt.

Phase	Alter	Konflikt
1	Säuglingsalter (ca. 1 Jahr)	Ur-Vertrauen vs. Ur-Misstrauen
2	Kleinkindalter (ca. 2–3 Jahre)	Autonomie vs. Scham und Zweifel
3	Spielalter (ca. 4–5 Jahre)	Initiative vs. Schuldgefühl
4	Schulalter (ca. 6–12 Jahre)	Werksinn vs. Minder-wertigkeitsgefühl
5	Jugendalter (ca. 12–20 Jahre)	Identität vs. Identitätsdiffusion
6	frühes Erwachsenenalter (ca. 20–45 Jahre)	Intimität und Solidarität vs. Isolierung
7	mittleres Erwachsenen-alter (ca. 45–65 Jahre)	Generativität vs. Stagnierung
8	reifes Erwachsenenalter (ab 65 Jahre)	Integrität vs. Verzweiflung

Im Business werden hauptsächlich die Phasen sechs bis acht von
Interesse sein, weil sie das Leben von circa 20 bis 60 plus beschreiben. Diese drei Phasen werden auch als »die drei Stadien

des Erwachsenenlebens« bezeichnet. Was beinhalten nun diese Phasen?

In der Phase des frühen Erwachsenenalters ergreift man einen Beruf oder beginnt zu studieren. Beziehungen werden wichtiger. In diesem Zeitraum liegt der Konflikt nach Erikson darin, sich auf der einen Seite von der Familie abzulösen (Isolation) und auf der anderen Seite neue, tiefe Beziehungen zu anderen Menschen herzustellen (Intimität und Solidarität). Dies können zum einen der Aufbau eines gefestigten Freundeskreises oder aber auch die Gründung einer Familie sein. Weiterhin geht es in dieser Lebensphase darum, Ziele für das berufliche und private Leben zu setzen.

Die Phase des mittleren Erwachsenenalters ist davon geprägt, etwas zu schaffen, wovon die nächsten Generationen profitieren können. Für Erikson bedeutet Generativität, sich um die jüngeren Generationen zu kümmern. Dies kann sich zum einen in der Erziehung eigener Kinder widerspiegeln. Erikson fasst aber darunter auch das Engagement in Gesellschaft und Beruf. Stagnation ist der Gegenpol in dieser Lebensphase und bedeutet, dass man sich vorrangig um sich selbst kümmert und deswegen andere vernachlässigt. Zwischenmenschliche Beziehungen werden weniger oder gar nicht mehr gepflegt. Vereinsamung ist die Folge.

In den meisten Fällen befindet man sich in dieser Phase auf dem Höhepunkt des Lebens. Familien- und Berufsleben sind in der Regel errichtet. Den Höhepunkt erreicht zu haben, bedeutet aber auch, dass es danach abwärts geht. Zumindest macht man sich jetzt erste Gedanken darum, wie man den Rest seines Lebens verbringen will. Meist ist die Zeit, die vor einem liegt, kürzer als die Zeit, die man schon erlebt hat. Man denkt über das Erreichte nach und überlegt, noch einmal etwas Neues zu wagen. Gleichwohl verabschiedet man sich von unerfüllten Erwartungen oder beginnt, sie endlich umzusetzen.

In der Phase des reifen Erwachsenenalters wird meist auf das

Leben zurückgeblickt. Im Idealfall wird es als Ganzes akzeptiert, mit allen positiven und negativen Erfahrungen (Integrität). Gelingt es nicht, sein Leben so anzunehmen, oder verdrängt man den Gedanken an Alter und Tod, kann das nach Erikson zur Anmaßung und Verachtung dem Leben gegenüber führen.

Der typische Verlauf des Lebens

Die Journalistin und Autorin Gail Sheehy hat den Verlauf des Lebens genauer untersucht und herausgefunden, welche Probleme und Gedanken für die einzelnen Lebensphasen im Detail typisch sind. Dazu hat sie über mehrere Jahre eine Vielzahl an Lebensläufen von Männern und Frauen analysiert.

In den 1970er Jahren veröffentlichte sie dazu ihren Bestseller »Passages – Predictable Crisis of Adult Life«. In Deutschland erschien ihr Buch unter dem Namen »In der Mitte des Lebens – Die Bewältigung vorhersehbarer Krisen«.

Die Lektüre lässt staunen, wie viele Gemeinsamkeiten die verschiedensten Menschen in den einzelnen Lebensabschnitten aufweisen und wie schnell man sich selbst darin wiederfindet.

Lebensabschnitt 18 bis Anfang 20

Der Hauptgedanke liegt in dieser Zeit darauf, sich von den Eltern abzugrenzen und sich selbst zu finden. Dazu probiert man viel aus und entwickelt konträre Ansichten, einfach, um anders zu sein. Meistens weiß man nicht, was man tun soll, sondern nur, was man nicht tun will. Am liebsten will man hinaus in die Welt, ist aber noch sicher in den Familienzusammenhang eingebunden.

Mit 18 beginnt meist die Ablösung von der Familie. Viele ziehen aus, studieren oder unternehmen Reisen. Begleitet ist dieser Prozess von Angst und Unsicherheit, was durch Trotzreaktionen und vorgetäuschtes Selbstbewusstsein überspielt wird.

In diesem Alter geht es auch darum, herauszufinden, wo man im Leben hin will. Man plant die Zukunft in Hinsicht auf Beruf und Partnerschaft oder denkt zumindest darüber nach. In dieser Phase entwickelt man häufig eine neue Weltanschauung. Immer voran der Gedanke, die eigene Identität zu entwickeln und das Nest auch emotional zu verlassen. Dabei steht man vor dem Problem, auf der einen Seite unabhängig sein zu wollen, dennoch aber Sicherheit zu brauchen und zu suchen.

In dieser Zeit sucht man nach Gleichgesinnten, die die eigenen Ansichten verstehen und teilen, und tut sich mit ihnen zusammen. Wer sich von der entstandenen Gruppe löst, wird schnell als Verräter betrachtet.

Lebensabschnitt 20er Jahre

In den 20ern steht man vor der Aufgabe, in der Welt Fuß zu fassen und die Träume in die Realität umzusetzen. Dies kann oft nicht schnell genug gehen. Man ist voller Tatendrang und beschäftigt sich mit der Frage, wo die Reise hingeht, wie man seine Ziele erreichen kann, und ob es jemanden gibt, der einen unterstützen wird.

Um das gedankliche Selbstbild zu verwirklichen, sucht man in dieser Zeit, besonders als junger Mann, oft nach einem Mentor, den man um Rat bitten kann. Einerseits ist man dankbar für die Hilfe und Unterstützung. Andererseits will man selbstständig erscheinen und versucht, die schon gewonnene Stärke des Ichs nicht wieder zu verlieren. Man tut das, wovon man denkt, dass man es tun sollte. Das jedoch wird oft bestimmt durch das Umfeld, in dem man aufwächst – Familie, Freunde oder Kultur –, weil es einen beeinflusst. So heiraten manche in den 20ern, weil man das nach Meinung der Familie eben so macht und alle anderen es auch so gemacht haben.

In dieser Phase hat man oft das Gefühl, dass die Entscheidungen, die man trifft, endgültig und unwiderruflich sind. Entscheidet man sich zum Beispiel dafür, Karriere zu machen, und stellt den Gedanken an eine Familie hinten an, glaubt man, eine Weiche fürs Leben gestellt zu haben.

Viele junge Menschen geraten in einen inneren Konflikt. Sie bekommen Angst, sich zu früh festzulegen, und wollen eigentlich noch experimentieren und sich ausprobieren. Auf der anderen Seite versuchen sie sich aber eine Zukunft mit festen Strukturen aufzubauen und sind davon überzeugt, dass ihr Weg der einzig richtige ist, um zum Ziel zu gelangen. Der Optimismus und die Willenskraft treiben sie in großen Schritten voran.

Partnerschaftliche Beziehungen sind in dieser Lebensphase durch viele Höhen und Tiefen gekennzeichnet. Schnell empfindet man die Beziehung als großartig, spannend und wild. Man glaubt, gemeinsam alles schaffen zu können. Genauso plötzlich kann es wieder bergab gehen. Mit 20 glaubt man noch, den anderen ändern und seiner Wunschvorstellung anpassen zu können. Man sieht in seinem Partner oft den, der einen wirklich versteht, oder hofft zumindest, dass dieses Bild der Wirklichkeit entspricht.

Junge Männer und Frauen in den 20ern machen sich Gedanken über Karriere- und Familienplanung. Fast immer sind es die Männer, die vorrangig ihre berufliche Entwicklung im Auge haben. Partnerschaften überprüfen sie häufig darauf hin, ob sie dem Karrieretraum helfen oder schaden. Frauen müssen sich mehr als Männer damit auseinandersetzen, ob eine Familie und Kinder ihrer beruflichen Laufbahn schaden könnten. Sie sehen sich vor die Entscheidung gestellt, und wollen sie beides bewältigen, so ist das mit Anstrengung verbunden. Es gibt auch jene, die mit der traditionellen Rollenverteilung einverstanden sind und sich in die familiäre Richtung orientieren. Aber auch für allein karriereorientierte Frauen bestehen Schwierigkeiten. Ganz ohne Beziehung fühlen sich die meisten unvollständig.

Lebensabschnitt 30er Jahre

An der Schwelle zu den 30ern fühlen sich die meisten beengt und eingeschränkt, da sie mit dem, was sie beruflich und persönlich erreicht haben, unzufrieden sind. Die Entscheidungen aus den 20ern scheinen teilweise falsch gewesen zu sein. Man will mehr sein, und manche beginnen sogar, sich von ihrem bisherigen Leben zu distanzieren. Die Unzufriedenheit rührt oft daher, dass man ein Detail im Leben bemerkt, das einem zuvor nicht aufgefallen war und einen veranlasst, vieles zu überdenken. In der Folge orientieren sich nicht wenige Menschen neu, wählen einen anderen Beruf, studieren noch einmal, belegen Weiterbildungskurse oder entwickeln einen neuen Lebensplan. Dieser Drang, auszubrechen und etwas Neues anzupacken, ist oft begleitet von dem krisenhaften Gefühl, auf einem Tiefpunkt angekommen zu sein.

Mit den Dreißigern geht das ernsthafte und konsequente Verfolgen eines klaren Ziels einher. Der Traum soll nun endlich Wirklichkeit werden. Man wird vernünftiger und ordnet sein Leben. Meist beginnt man jetzt damit, sich beruflich und privat festzulegen, und wird sesshaft. Berufliche Entscheidungen werden bedeutender, da man die Karriere vorantreiben will. Bei vielen sind die Dreißiger eine Phase, in der sie die Karriereleiter erklimmen und einen gewissen Stand in ihrem Beruf erreichen wollen.

Mitte der 30 bekommt man dann das Gefühl, dass sich die Wahrnehmung der Zeit verzerrt und die Jahre wie im Flug verrinnen. Das beunruhigt sehr. Man nimmt sich selbst und andere anders wahr. Viele bekommen das Gefühl, am Gipfel angelangt zu sein, und denken darüber nach, dass es danach abwärts gehen könnte. Man führt sich noch einmal vor Augen, was man bisher erreicht hat, und fragt sich, was noch geht, da man feststellt, dass man sich mit der Zeit immer weiter festlegt.

Ab diesem Zeitpunkt gewinnen Themen wie das Altern und ein vorzeitiger Tod an Bedeutung. Viele erschrecken bei dem Gedanken daran. Ein paar Jahre später wird dieser Gedanke aber wieder in den Hintergrund treten, da man ihn als zum Leben dazugehörig akzeptiert. Dennoch beginnt man, sich ab Mitte 30 um die Gesundheit zu sorgen, und entdeckt schnell Krankheiten, wo gar keine sind.

»Was wäre, wenn ich mich damals anders entschieden hätte?«, »Was ist aus den Wünschen meiner Jugend geworden?« oder »Welchen meiner Träume werde ich noch verwirklichen können?« Das sind typische Fragen von Mitte Dreißigjährigen. Besonders Frauen grübeln darüber, ob sie das Richtige getan haben. »War es richtig, mich auf Ehe und Kind einzulassen, anstatt Karriere zu machen?« Oder: »Ist mein Partner wirklich der, mit dem ich den Rest meines Lebens verbringen will, oder sollte ich mich noch einmal richtig austoben?«

Man ist jetzt an einem Punkt angekommen, an dem es herauszufinden gilt, wer man für den Rest des Lebens sein will und welche Wünsche und Ziele wirklich wichtig sind. Jetzt will man mehr aus seinem Leben machen, noch einmal alles geben und die letzten Chancen nutzen. Das große Ziel ist die Selbstverwirklichung. Man will hoch hinaus und Anerkennung ernten. Das muss nicht immer die berufliche Laufbahn betreffen, sondern kann auch in den Bereichen stattfinden, die man zuvor noch vernachlässigt hat.

Manche Menschen widmen sich in dieser Lebensphase zum Beispiel mehr der Familie, weil sie darin ihre neuen Aufgaben entdecken. Sie entwickeln eine Hingabe für ihre Kinder, die sie zuvor nie für möglich gehalten hätten.

Lebensabschnitt 40er Jahre

Die Frage, die sich die meisten in den 40ern stellen, ist, ob es das schon war im Leben. Man lässt die vergangenen Jahre Revue passieren und fragt sich, ob die Träume und Wünsche, die man mit zwanzig hatte, verwirklicht sind. Es findet eine Neubewertung statt. Der einst so spannende Beruf ist alltäglich geworden. Interessen und Vorstellungen, die man zuvor noch mit dem Partner teilte, entwickeln sich auseinander.

Viele fühlen sich mit 40 verbraucht und ausgelaugt. Es fehlt ihnen die Anerkennung, die sie erwarten und nach eigenem Ermessen auch verdient hätten. Manche haben Angst, mit der nächsten Generation nicht mehr mithalten zu können. Das schadet dem Selbstbewusstsein. In der Folge findet bei vielen in dieser Lebensphase im Berufs- oder Privatleben noch einmal eine bedeutende Veränderung statt. Manche suchen sich einen neuen Beruf, andere lassen sich scheiden und gehen eine neue Partnerschaft ein.

Ab 40 entwickeln viele ein stärkeres soziales Engagement. Es steht nun nicht mehr so sehr im Vordergrund, selbst voran zu kommen. Das Interesse an rein materialistischen Zielen nimmt ab. Jetzt bereitet es Freude, etwas für andere tun zu können oder ihnen etwas beizubringen. Die einen setzen sich für Minderheiten ein, andere übernehmen ehrenamtliche Aufgaben in der Gemeinde oder engagieren sich in Vereinen. Dies ist die Zeit, in der man selbst als Mentor für die jüngere Generation zur Verfügung steht.

Mit 40 läuft die Zeit scheinbar schneller, und man gewinnt den Eindruck, sie rast vorbei. Das Altern und damit auch die Gesundheit sind Themen, mit denen man sich nun viel intensiver beschäftigt als zuvor. Die Augen sehen nicht mehr alles so scharf wie früher, und auf kleinste Falten oder leichte körperliche Ermüdungserscheinungen reagiert man empfindlich. Schließlich will man nicht zum alten Eisen gehören und versucht, sich an den Gedanken der späten Jugend zu klammern.

Ein weiterer Aspekt, der auf viele Menschen in den 40ern zutrifft, ist, dass die Kinder das Nest verlassen und sich von ihrer Familie ablösen. Meistens fällt den Eltern das Loslassen schwer. Manche Mütter, die sich bis dato ausschließlich um die Kinder gekümmert haben, wollen nun ihre eigenen Wünsche und Überzeugungen ausleben.

Lebensabschnitt 50er Jahre

Die Menschen, die es bisher geschafft haben, mit den Höhen und Tiefen des Lebens umzugehen, sind erfahrener und warten nicht mehr auf die Erfüllung der Illusionen aus der Jugendzeit. Sie können die Dinge besser beurteilen und sind selbstbewusster. Dennoch bereitet es ihnen Angst, dass die Zeit vergeht. Auch der Gedanke an den Tod wird präsenter.

Frauen erleben in den 50ern ihre Erholungsphase. Die innere Harmonie und das Wohlbefinden nehmen zu. Sie beginnen, ihre körperlichen Veränderungen zu akzeptieren, und machen sich keine großen Sorgen mehr darüber. In allen Lebensbereichen stellt sich eine Zufriedenheit ein.

Auch fühlen Frauen in den 50ern sich kompetenter und selbstsicherer als früher. Viele wollen jetzt noch einmal das Abenteuer spüren und ihre Leidenschaft ausleben, die sie bisher für andere Dinge unterdrückt haben.

Die eigene Persönlichkeit rückt in den 50ern etwas in den Hintergrund. Jetzt ist es vielmehr von Bedeutung, wie man selbst etwas tun oder verändern kann. Man engagiert sich verstärkt in Vereinen oder Parteien, um soziale Ziele zu verwirklichen.

Frauen sorgen sich mehr um die Gesundheit des Lebensgefährten als um ihre eigene. Dabei stellen sie sich die Frage, ob sie später alleine als Witwe zurechtkommen würden oder ob sie vor dem Ehemann sterben.

In den 50ern machen sich Männer viele Gedanken über ihren Job und fragen sich, ob er noch sicher ist. Damit einher geht der Gedanke um die Absicherung im Alter. Man fragt sich, wie die finanzielle Situation aussehen wird und ob man den Lebensstandard, den man sich aufgebaut hat, halten kann.

In dieser Zeit kommen alle emotionalen Bedürfnisse, die bisher unterdrückt wurden, an die Oberfläche. Männer sehnen sich jetzt umso mehr nach menschlicher Nähe und wollen mehr Zeit mit ihren Kindern verbringen.

Zudem haben Männer in diesem Alter meist Angst, einen Teil ihrer Männlichkeit zu verlieren. Schon der Verlust der Haare ist für viele ein Zeichen dafür, dass die Zeit an ihnen nagt. Das kratzt stark am Ego.

Auch die sportliche Leistungsfähigkeit nimmt ab. Viele Männer fühlen sich dadurch verunsichert und sind geradezu verzweifelt. Sie machen sich große Sorgen darüber, im Berufs- und Privatleben an Wert zu verlieren.

Lebensabschnitt 60+

Viele sind sich nicht bewusst, dass sie die 60 schon überschritten haben. Zumindest fühlen sie sich manchmal, als wären sie jünger. Die Gewissheit, dass das Leben irgendwann enden wird, bestärkt sich nun dadurch, dass man im Familien-, Freundes- und Bekanntenkreis mit dem Tod konfrontiert wird.

Die große Frage ist nun, was man auf der Erde hinterlässt. Man blickt auf das Leben zurück und überlegt sich, woran andere sich erinnern, wenn sie später an einen denken.

Aussagen für einzelne Lebensabschnitte

Die Aussagen, die man aufgrund der Erkenntnisse über die typischen Lebensabschnitte eines Menschen treffen kann, sind im Gespräch sehr wirkungsvoll. Der Effekt ist umso stärker, wenn man sie geschickt einsetzt und präsentiert, da der Gesprächspartner meist von selbst seine eigenen Details hinzufügt. So erkennen sich viele in der Beschreibung der Lebensphasen wieder, und meist vergleichen und ergänzen sie die Aussagen mit Erfahrungen aus ihrem Leben. Die Grenzen zwischen den Phasen sind fließend. Manche Aussagen treffen auf einen 38-Jährigen ebenso zu wie auf einen 42-Jährigen.

Im Folgenden nun einige Beispielaussagen, die das, was die meisten von uns im jeweiligen Alter bewegt, sehr treffend charakterisieren:

18 bis 20 Jahre: »Sie haben viele eigene Ideen und brauchen ein gewisses Maß an Unabhängigkeit, weil Sie sich ausprobieren wollen und Freiheit für Sie wichtig ist.«

20 bis 30 Jahre: »Sie sind voller Tatendrang und machen sich Gedanken, wie Sie ihre Ziele am besten erreichen, ohne sich gleich festzulegen. Vermutlich suchen Sie nach jemanden, der Sie dabei unterstützt.«

30 bis 40 Jahre: »Viele Menschen in Ihrem Alter fühlen sich eingeengt und werfen einen kritischen Blick zurück und überdenken dabei ihre Entscheidungen. Manch einer überlegt sich, neu anzufangen und neue Ziele zu finden.«

40 bis 50 Jahre: »Vermutlich haben Sie sich schon mal die Frage gestellt, ob Sie Ihre Träume verwirklichen und Ihre Ziele erreichen konnten. Wenn Sie zurückblicken, hätten Sie gern mehr Anerkennung für Ihre bisherigen Leistungen bekommen. Das würde Sie stärker motivieren, eventuell Neues anzupacken.«

50 bis 60 Jahre: »Sie haben schon viele Höhen und Tiefen erlebt und verfügen daher über einen großen Erfahrungsschatz. Sie können daher gut und selbstsicher beurteilen, was wichtig und richtig ist.«

Über 60 Jahre: »Sie fühlen sich nicht alt, auch wenn Ereignisse im Freundes- und Verwandtenkreis manchmal die Frage aufwerfen, was man hinterlässt.«

Diese Beispiele zeigen die Möglichkeiten auf, aufgrund des Alters wahre Aussagen über jemanden zu treffen. Auch das ist ein Weg, innere Gedankengänge des Gesprächspartners zu spiegeln und zu signalisieren, dass man ihn versteht.

Raster-Technik

 Die Möglichkeiten, zwischen ge-
schlechts- und altersspezifischen
Aussagen zu unterscheiden, kann
man durch weitere Modelle aus-
dehnen. Je mehr Informations-
quellen zur Verfügung stehen,
umso besser erkennt man die Details, die jeden einzelnen einzig-
artig machen.

Man kann selbst ein solches Raster entwerfen und andere
Merkmale als Geschlecht oder Alter heranziehen, nach denen
man Menschen einteilen will. Auf diese Weise entwickelt man
mehrere Schubladen, in die sich die Menschen einsortieren lassen.

Viele Unternehmen tun dies schon heute. Sie beauftragen
Institute damit, die Lebenswelt und den Lebensstil von Menschen zu erforschen. Oftmals werden zum Beispiel für den Ver-
trieb verschiedene Kundentypen herausgearbeitet.

Dabei geht es zum einen darum, Merkmale zu definieren,
woran man den entsprechenden Kundentyp erkennt. Zum anderen werden den einzelnen Typen spezifische Bedürfnisse zuge-
ordnet. Mitarbeiter, die entsprechend geschult werden, sind während des Gesprächs in der Lage, das Gegenüber einzuordnen,
und können so besser auf seine speziellen Wünsche eingehen. Im
Folgenden einige Beispiele für verschiedene Schubladen:

Der Attraktive

Die äußere Schönheit ist das Kapital dieser Person. Sie ist sich ihrer Charakterzüge unsicher und erlebt oft Situationen, in denen ihr das andere Geschlecht lästig wird.

Der Rebell

Manchmal ist er ein wenig ängstlich, aber er will oder kann es nicht zugeben. Nach außen ist er sehr selbstbewusst, er hat aber eine Schwäche, die er zu überspielen versucht. Sehr wahrscheinlich hat er eine Enttäuschung erlebt, von der er sich erst vor kurzem erholt hat.

Der Pessimist

Vieles ist ihm mehr oder weniger egal. Er hat sich damit abgefunden, dass das Leben nun einmal so ist, wie es ist. Oftmals haben diese Menschen in der Vergangenheit schlechte Erfahrungen gemacht. Die Träume aus früheren Zeiten sind geplatzt oder scheinen nicht realisierbar.

Der Intellektuelle

Intellektuelle Menschen fühlen sich aufgrund ihrer Intelligenz manchmal unsicher. Oft beschäftigen sie sich mit einem speziellen Projekt oder haben ein konkretes Ziel vor Augen, das sie erreichen wollen.

Der Businessmensch

Geld, Investitionen und Schulden sind Dinge, die sie beschäftigen. Dabei fragen sie sich, ob die Entscheidungen, die sie getroffen haben, richtig gewesen sind, und machen sich darüber Gedanken, wie die Karriere in der Zukunft aussehen wird.

Der Vermögende

Je vermögender ein Mensch ist, umso größer ist seine Angst, alles zu verlieren. Diejenigen, die sich über ihr Vermögen nach

außen darstellen, haben noch größere Verlustängste, da gleichzeitig die geschaffene Fassade zusammenbrechen würde. Vermögende machen sich viele Gedanken über geschäftliche Dinge,
Steuern und Geld und darüber, was nach ihrem Tod damit passieren wird. Viele engagieren sich für wohltätige Zwecke.

Der Geringverdiener
Geringverdiener haben oft finanzielle Sorgen und suchen nach
einem Ausweg daraus. Sie denken darüber nach, wie sie sich beruflich verbessern und mehr Geld verdienen können.

Der Familienmensch
Der Familienmensch macht sich Gedanken um das Wohlerge-
hen und die Gesundheit seiner Kinder, ihre schulische Entwicklung und Zukunft. Manchmal denkt er daran, wie es wäre, wenn
das Leben ohne Kinder verlaufen wäre, und möchte dann aus
dem Alltag fliehen.

Der Alleinlebende
Manchmal fühlt er sich einsam und ist traurig darüber, allein zu
sein. Dann wünscht er sich eine eigene Familie. Der Gedanke
daran ist aber auch mit Angst verbunden.

Der Verliebte
Verliebte stellen sich oft die Frage, ob ihre Liebe erwidert wird
und der Partner treu ist. Sie entwickeln eine Vorstellung davon,
wie eine gemeinsame Zukunft mit dem neuen Partner aussehen
könnte.

Der Städter
Städter schätzen die Annehmlichkeiten, die das Leben in der
Stadt zu bieten hat. Dennoch haben die meisten sich schon einmal mit dem Gedanken beschäftigt, aufs Land zu ziehen, wenn
sie auch leichte Vorbehalte gegen die Menschen dort hegen.

Der Landbewohner
Menschen vom Land streben häufiger nach traditionellen Werten und vermitteln diese auch ihren Kindern. Viele haben Vorbehalte gegenüber dem Stadtleben.

Intuition / Erfahrung

Penrith ist ein kleiner Vorort von Sydney. Dort ereignete sich in einer ruhigen Einkaufsstraße etwas Unglaubliches. Nichts ahnend machte Andrew Leitch mit seinen Eltern und seinem vier Monate alten Baby einen Spaziergang. Plötzlich passierte es. Eine 82 Jahre alte Frau erlitt am Steuer ihres Fahrzeugs einen Schwächeanfall und verlor die Kontrolle. In Panik geraten, verwechselte die Frau Bremse und Gaspedal. Sie gab Vollgas. Man konnte die Reifen ihres Wagens quietschen hören. Das Auto schoss auf Andrew und seine Familie zu. Keiner konnte mehr zur Seite springen. Andrew dachte jetzt nur noch an sein Baby und drückte es fest an sich. Bei dem folgenden unvermeidlichen Aufprall erwischte das Auto ihn und seine gesamte Familie, und es war unklar, ob überhaupt jemand überlebt hatte. Nach dem Unfall wurde es ganz still. Kein Laut war zu hören. Doch plötzlich fängt Andrews Baby zu schreien an. Wie durch ein Wunder war ihm nichts passiert. Nicht einmal einen kleinen Kratzer hatte es abbekommen. Auch Andrew selbst war nur leicht verletzt. Seine Eltern hingegen hatte es härter getroffen, sie wurden erst viele Monate später aus dem Krankenhaus entlassen.

Ermittler der Polizei haben später den Unfallhergang rekonstruiert und untersucht, warum das Baby unverletzt blieb. Sie kamen zu dem Ergebnis, dass sich Andrew und sein Baby im Moment des Aufpralls in der »richtigen« Position befanden. Auf dem Überwachungsvideo war zu erkennen, dass Andrew sich mit seinem Sohn im Arm eindreht und dem Wagen den Rücken zukehrt, als er ihn bemerkt. Er erkannte die Gefahr und brachte sich intuitiv innerhalb von Sekundenbruchteilen in eine lebensrettende Position. Zufall? Nein. Andrew hatte 12 Jahre lang Rugby gespielt. Das schärfte seine Sinne und Reflexe. Dadurch hielt er seinen Sohn wie einen Rugbyball fest und drückte ihn so eng wie möglich an sich ran. Und so wie er früher den Ball gegen die Angriffe des Gegners absicherte, schützte Andrew sein Baby vor dem Wagen und fing den Stoß mit dem Rücken ab. Eine intuitive Reaktion aufgrund jahrelanger Rugby-Erfahrung.

Dieses Ereignis zeigt, dass Erfahrungen uns helfen, richtige Entscheidungen zu treffen. Besonders dann wenn wir schnell handeln müssen, kann es vielleicht sogar lebenswichtig sein, auf unsere Erfahrungen zu vertrauen. Intuitiv kennen wir also meist die Lösung eines Problems. Wir müssen nur lernen, dieses Potenzial zu nutzen.

Wenn beim Elfmeterschießen der Ball vom Punkt in die Luft geschossen wird und der Torwart ihn halten will, überlegt er in diesem Augenblick auch nicht, wie genau der Ball auf ihn zugeflogen kommt. Er berechnet auch keine Flugbahn oder Geschwindigkeit. Das würde viel zu lange dauern. Der Torwart handelt einfach aus seinen Erfahrungen heraus.

In der Fahrschule lernen wir Formeln, um den Brems- und Reaktionsweg eines Autos zu berechnen. Sehr wahrscheinlich hat noch nie jemand diese Formeln angewandt, als er bremsen musste. Viel mehr verlassen wir uns dabei ebenfalls auf unsere Intuition. Wir bremsen einfach, weil wir eine gefährliche Situation wahrnehmen.

Es kommt also darauf an, möglichst spontan zu reagieren.

Sicher ist es wichtig, beim Gedankenlesen Änderungen im Verhalten des Gegenübers wahrzunehmen und diese auch zu deuten. Man sollte aber nicht zu viel Aufmerksamkeit für das Lesen der Körpersprache aufwenden, da andere Hinweise, die womöglich ebenso aufschlussreich sind, dann nicht erkannt werden.

Hinzu kommt, dass wir von den unzähligen Informationen überfordert sind und unsere Entscheidungen sich verzögern, wenn wir zu viele Hinweise gleichzeitig bewusst aufnehmen. Entscheidungen müssen aber situationsbedingt getroffen werden, weil unser Gegenüber *gerade* ein bestimmter Gedankengang bewegt.

Zu viele Fakten können unsere Urteilsfähigkeit einschränken. Weniger Informationen zwingen uns, uns an das zu halten, was wir schon kennen. Der Psychologe Gerd Gigerenzer hat gemeinsam mit seinem Kollegen Daniel Goldstein folgendes Experiment durchgeführt. Sie stellten einer Gruppe amerikanischer Studenten die Frage, welche der Städte Detroit oder Milwaukee mehr Einwohner habe. Dabei gaben nur 60 Prozent die richtige Antwort – Detroit. Die gleiche Frage stellten sie anschließend deutschen Studenten. Jedoch gaben fast alle der deutschen Studenten die richtige Antwort. Wie kam es nun zu diesem deutlichen Unterschied in den Ergebnissen? Den amerikanischen Studenten, die eigentlich mehr über amerikanische Städte wissen, fiel es schwerer, die richtige Antwort zu finden. Aufgrund der größeren Informationsmenge, über die sie verfügten, waren sie sich unsicherer in ihrer Entscheidung. Die deutschen Studenten wussten nur wenig über die beiden Städte und haben sich auf ihre Intuition verlassen und richtig entschieden. Der Mehrzahl von ihnen war Detroit ein Begriff, und so waren sie davon ausgegangen, dass diese Stadt größer sein müsse als das ihnen unbekannte Milwaukee.

Was ist nun eigentlich Intuition? Intuition ist kein esoterischer Begriff oder irgendeine Laune, sondern eine Fähigkeit, die wir nutzen, wenn wir Entscheidungen treffen. Sie lässt sich als ein erahnendes Erfassen zukünftiger Entwicklungen beschreiben. Wir nehmen unsere intuitiven Entscheidungen zwar bewusst wahr, allerdings läuft die Entscheidungsfindung unbewusst ab. Dazu nutzen wir unser Erfahrungsgedächtnis. Darin werden automatisch die bewussten und unbewussten Erfahrungen gespeichert und verarbeitet. Es erfolgt ein Abgleich dieser Informationen mit der aktuellen Situation. Die Folge ist ein Bauchgefühl, das häufig unsere Entscheidung bestimmt. Wir verstehen zwar oft nicht ganz, warum wir dieses Bauchgefühl haben, jedoch sind wir bereit, danach zu handeln.

Wenn man Gedanken entschlüsselt, ist das genauso. Man geht auf einen anderen Menschen zu und kann oftmals intuitiv einschätzen, was derjenige denkt und wie seine Stimmung ist. Das fällt natürlich umso leichter, je länger man die Person kennt oder je mehr man tagtäglich mit Menschen zu tun hat. So verhält es sich auch mit der Kommunikation im Business. Wenn wir hier auf unsere Erfahrung vertrauen, können wir Menschen und Situationen besser einschätzen.

Wir müssen das Gegenüber nur betrachten und uns dann innerlich einfache Fragen zu seiner Person beantworten. Wenn wir versuchen, dabei auf unser Bauchgefühl hören, werden wir einen ersten Eindruck erhalten. Und dieser erste Eindruck ist meistens der richtige.

Im Grunde nutzen wir alle seit unserer Kindheit Tag für Tag unbewusst diese Technik. Wir haben ein Gespür dafür, was andere möglicherweise denken. Es gibt in der Psychologie ein Experiment, in dem Kinder raten sollen, welchen Schokoriegel eine gezeichnete Figur wahrscheinlich wählen wird. Dazu sind um ein Gesicht vier Schokoriegel angeordnet. Fast alle Kinder entscheiden sich sofort für einen bestimmten. Daran ist zu erkennen, dass wir automatisch jemandem bestimmte Gedanken aufgrund unserer Intuition zuordnen. Beim genaueren Betrachten des Gesichts entdeckt man, dass die Augen auf einen der vier Schokoriegel deuten. Wir schließen daraus sofort – ohne den

Grund dafür zu kennen –, dass die abgebildete Figur diesen Schokoriegel wählen wird.

Intuitive Entscheidungen begleiten uns ein Leben lang. Immer, wenn wir anderen Menschen begegnen, strömen unzählbar viele Eindrücke auf uns ein. Das bietet zugleich Möglichkeiten, Intuition im Alltag zu trainieren und sie wirksamer einzusetzen.

So könnte man einen Ort aufsuchen, wo sich viele Menschen treffen. Ein Café mitten in der Stadt ist eine gute Wahl. Man setzt sich hin und schaut einfach die Menschen um einen herum an. Am besten wählt man zwei aus, die sich miteinander unterhalten, und überlegt, was man über diese Menschen sagen kann und was möglicherweise gleich passieren wird. Dabei spielen Details eine große Rolle, wie Kleidungsstil oder Statussymbole. Vielleicht erkennt man auch, wie diese beiden Menschen zueinander stehen. Wenn man das öfter tut, wird man feststellen, dass wir uns intuitiv vieles erschließen. Man muss seine Intuition nur gebrauchen und auf die ersten Eindrücke vertrauen. Dabei wird man feststellen, dass man viel mehr weiß, als man annimmt. Unbewusst greift man nämlich auf seinen Erfahrungsschatz zurück, den man im Umgang mit Freunden, Verwandten und Kollegen bereits gewonnen hat.

Warum das funktioniert, macht folgendes Beispiel deutlich. Nehmen wir an, Sie haben einen Schäferhund und wissen deswegen alles über das Halten eines Schäferhundes. Trifft man nun jemanden, der ebenfalls einen Schäferhund besitzt, ist es sehr wahrscheinlich, dass er ähnliche Erfahrungen mit dem Tier gemacht hat. Dadurch könnte man vieles aus dem Leben des Gegenübers erzählen, ohne dass man sich genauer kennt, sondern nur auf Basis der eigenen Erfahrung.

Diese Technik lässt sich auch anwenden, wenn man von einer fremden Person an einen Menschen, den man gut kennt, erinnert wird. Wenn diese zum Beispiel dem besten Freund sehr ähnlich ist, kann man Dinge über diesen Freund berichten und sie so formulieren, als würde man damit die fremde Person beschreiben. Menschen mit großen Ähnlichkeiten im Auftreten und Aussehen haben häufig auch ähnliche Denkweisen und Eigenschaften. Und man kann davon ausgehen, dass sie auf vieles ähnlich reagieren.

Nehmen wir also an, Ihr bester Freund ist zurückhaltend und schüchtern. Treffen Sie nun auf eine Person, von der Sie das Gefühl haben, dass sie Ihrem besten Freund ähnelt, können Sie Folgendes über sie sagen: »Vermutlich sind Sie ein guter Zuhörer und sagen nicht sofort, was Sie denken. Vielleicht fürchten Sie, dass Ihre Meinung nicht der der anderen entspricht und Sie deswegen kritisiert oder gar ausgeschlossen werden. Sie haben gute Ideen, die Sie gerne verwirklichen würden. Innerlich hindern Sie sich aber selbst an deren Umsetzung. Möglicherweise haben Sie schon nach einer Lösung gesucht, um diese Herausforderung zu meistern.«

Sollte man keine Ähnlichkeiten zu einer bekannten Person feststellen, kann man immer noch auf die eigene Lebenserfahrung zurückgreifen. Wie wir schon wissen, haben viele menschliche Erfahrungen die Tendenz, sich zu wiederholen.

Beim Verkaufen verhält es sich genauso. Wenn ein Verkäufer schon lange im Geschäft ist und seine Kunden kennt, weiß er, warum sie sein Produkt kaufen. Als Profi wird er dieses Wissen nutzen, um zum einen den Bedarf seiner Stammkundschaft zu bedienen und um andererseits Neukunden mit Bestandskunden zu vergleichen und daraus Schlussfolgerungen für seine Vorgehensweise ziehen. Dadurch wird es ihm wesentlich einfacher fallen, sein Produkt an die Frau oder den Mann zu bringen.

Wie gut Intuition auch bei der Polizeiarbeit funktioniert, zeigt folgende Geschichte. Dan Horan ist langjähriger Polizeibeamter auf dem Los Angeles International Airport. Dort versucht er, Drogenkurieren das Handwerk zu legen. Er trägt Zivilkleidung und hält unter den ankommenden Passagieren und wartenden Menschen nach Ungewöhnlichem Ausschau.

Für ein ungeübtes Auge wäre es nahezu unmöglich, ihn als Polizisten zu identifizieren.

An einem Sommerabend verließ eine Passagierin die Maschine aus New York, eine Frau, die in ihrem Geschäft ebenfalls nicht unerfahren und zudem sehr vorsichtig war. Unauffällig und eher durchschnittlich gekleidet und einen für Flugreisende üblichen Rollkoffer hinter sich her ziehend, durchschritt sie das Tor zum Flugsteig. Dabei kreuzten sich ihre Blicke mit denen von Dan Horan. Es bedurfte nur weniger Sekunden, und jeder wusste über den anderen, warum er hier war.

Dan Horan verständigte über Funk seinen Partner, der vor dem Abfertigungsgebäude wartete. Und obwohl auch er sich vollkommen unauffällig benahm, erkannte die Frau zwischen den vielen Menschen den Partner von Dan Horan als das, was er war, als einen Drogenfahnder.

Der Frau gelang es noch, ihren Komplizen vor den Polizisten zu warnen. Dann wurde sie festgenommen. In ihrem Koffer befanden sich mehrere hunderttausend Dollar, die, wie sie später gestand, für den Ankauf von Rauschgift gedacht waren.

Wie konnte nun Dan Horan die Drogenkurierin erkennen und umgekehrt? Bei einer späteren Befragung konnte Dan Horan dafür keine rationalen Gründe nennen. Eine Erklärung wäre, dass alle Beteiligten nach etwas Ausschau hielten, wonach sie suchten. Dan Horan nach Drogenkurieren und die Frau nach Polizisten.

Intuition spielt also nicht nur im Alltag, sondern auch im Business eine wichtige Rolle, denn auch hier ist es wichtig, die Gedankengänge des Gegenübers situativ zu erfassen und auszusprechen. Dabei ist zu beachten, dass dieses Erfassen von Gedanken ein schöpferischer Prozess und kein Verfahren nach Schema F ist. Weiterhin hat Mind Hacking etwas Spielerisches: Man sollte sich dabei ein wenig seiner Fantasie bedienen und auf sein Bauchgefühl vertrauen. Wenn diese wichtige Regel beachtet wird, lassen sich große Erfolge beim Gedankenlesen erzielen.

TEIL III

Das Puzzle zusammensetzen

Insgesamt steht nun eine Vielzahl an Möglichkeiten zur Verfügung, mit denen sich die Gedanken des Gegenübers entschlüsseln lassen. Jetzt kommt es darauf an, die einzelnen Techniken zusammenzufügen, um ein Bild von der Gedankenwelt des Gesprächspartners entstehen zu lassen.

Die Kunst besteht darin, die aufgeführten Methoden miteinander zu verbinden, Auswege für eventuelle falsche Aussagen parat zu haben und psychologische Kniffe einzusetzen, um dem Gesagten eine größere Wirkung zu verleihen und ein genaueres Feedback zu bekommen. Je mehr Techniken man beherrscht, umso flexibler kann man auf die verschiedensten Situationen reagieren. Dabei wird man feststellen, dass manche einem besser liegen als andere. Diese sollten perfektioniert werden. Manchmal muss man improvisieren, wenn man zu Beginn noch keine oder nur eine vage Vermutung davon hat, was den Gesprächspartner gerade bewegt.

Techniken flexibel kombinieren

Das Ziel von Mind Hacking ist es, die Gedanken der Geschäftspartner zu entschlüsseln. Wir wollen herausfinden, was die wahren Gedanken, Motive und Bedürfnisse unserer Gesprächspartner sind. Gleichzeitig signalisieren wir damit, dass wir wissen, was sie denken, und zeigen ihnen, dass wir sie verstehen. Dies baut Vertrauen auf und gibt uns die Möglichkeit, Dinge im Gespräch zu erfahren, die wir sonst nie erfahren hätten.

Viele Menschen suchen nach einem Gesprächsleitfaden oder »coolen« Sprüchen für verschiedene Gesprächssituationen im Job. Besonders für den Umgang mit Einwänden im Verkauf ist das der Fall. Etliche dieser Sprüche sind zwar amüsant, treffen aber oftmals nicht die Gedanken des Kunden. Mind Hacking dagegen greift diese auf, um anschließend flexibel darauf zu reagieren. Die einzelnen Techniken werden beliebig für die verschiedensten Situationen eingesetzt, und auf alles, was passiert, wird eingegangen, um gezielt herauszufinden, was den Geschäftspartner wirklich bewegt.

Für den Beginn eines Gesprächs eignen sich besonders das Beobachten und Schlussfolgern. Meistens kann man sich nämlich schon vorher überlegen, was dem Gegenüber wahrscheinlich durch den Kopf gehen wird. Indem man das ausspricht, schafft man von Anfang an eine vertrauensvolle Beziehung.

Vor allem in Verkaufsgesprächen am Telefon wollen die Kunden den Verkäufer meist lieber abwimmeln als ihm lange zu-

zuhören. Sie müssen daher geschickt vorgehen, um in möglichst kurzer Zeit die Aufmerksamkeit und das Interesse des Kunden zu gewinnen. Der Verkäufer, der diese Situation gut kennt, schlussfolgert daraus und sagt:

 »Lieber Herr Kunde, vermutlich haben Sie schon mit einigen Verkäufern zu tun gehabt, die Sie angerufen haben und Ihnen irgendwelche Dinge präsentieren wollten, die Sie eigentlich gar nicht brauchen und Ihnen eh nur die Zeit rauben.«

Diese Aussage können die meisten der potentiellen Kunden bestätigen. Um nun den Bogen zu schlagen, fährt der Verkäufer fort: »Daher legen Sie sicher Wert darauf, dass ich etwas für Sie habe, was Sie auch wirklich interessiert.«

Ähnlich geht man in Mitarbeitergesprächen vor. Mitarbeiter empfinden diese Gespräche dann als positiv, wenn sie ihre Meinung äußern konnten, und bewerten es eher als negativ, wenn sie spüren, dass der Chef sie in eine bestimmte Richtung drängen wollte. Solch ein Drängen verspürt der Mitarbeiter besonders dann, wenn der Chef ihn mit Fragen löchert.

Der Chef kann ein Gespräch zum Beispiel eröffnen, indem er die vermuteten Gedanken des Arbeitnehmers aufgreift und nach der Begrüßung freundlich und ruhig sagt:

 »Sie haben sich vermutlich schon Gedanken gemacht, worum es heute in unserem Gespräch geht.«

Aber auch die universellen Aussagen bieten eine treffsichere Gesprächseröffnung. Je nach Anlass wird eine Aussage formuliert, die sehr allgemein gehalten ist und daher auf fast jeden zutreffen kann. Demnach könnte der Verkäufer sagen:

 »Ich kann mir vorstellen, dass Sie offen sind für neue Ideen, diese aber auch kritisch prüfen wollen, um herauszufinden, ob sie wirklich das halten, was sie versprechen.«

154

Hier wird der potenzielle Kunde auch zustimmen können.

 Hat man aber zum Beispiel schon vor dem Gespräch eine Information über ein soziales Netzwerk oder aus einer anderen Quelle erhalten, kann man diese nutzen, um das Gespräch zu eröffnen. Nehmen wir an, man hat herausgefunden, dass das Gegenüber das gleiche Hobby hat wie man selbst. Dann erzählt man beim Kennenlernen davon und baut dadurch schnell Vertrauen auf.

Man muss im Gespräch nicht eine Mind-Hacking-Technik nach der anderen einsetzen. Oftmals reichen schon ein paar, um das herauszufinden, was man wissen will. Im Verlauf des Gesprächs könnte ein Verkäufer beispielsweise nach weiteren Informationen angeln:

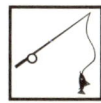 Verkäufer: »Ich habe den Eindruck, dass Sie noch nicht von unserem Produkt überzeugt sind.«

Der Verkäufer setzt bewusst eine Pause, um das Feedback des Kunden zu provozieren.

 Kunde: »Ja.«
Verkäufer: »Das heißt, ich muss Ihnen noch etwas zeigen, was Sie wirklich überzeugt.«
Der Kunde nickt zögerlich. Hier kann der Verkäufer mit der Fragetechnik fortfahren und sagen:

 »Es gibt aber keinen speziellen Punkt, der Sie besonders interessiert, gibt es?«

Wieder wartet der Verkäufer die Antwort des Kunden ab. Dieser sagt, dass er für sein Geld etwas bekommen möchte. Der Verkäufer erwidert, dass er das gut nachvollziehen könne. Um die Wirkung noch zu verstärken, setzt er eine universelle Aussage oben drauf und sagt:

 »Schließlich müssen sich Investitionen auch immer lohnen.«

Eine gute Möglichkeit, um das aktuelle innere Erleben einer Person zu beschreiben, ist es, ihre Mimik zu deuten. Wären Anzeichen von Angst zu sehen, könnte man sich nun durch Angeln dem Grund dieser Emotion nähern.

  Aussage: »Es scheint mir so, als gäbe es etwas, weswegen Sie sich unwohl fühlen.«

Wichtig ist es jetzt, die Reaktion des Gesprächspartners zu beobachten, um herauszufinden, ob man richtig oder falsch liegt.

 In einem weiteren Beispiel spricht der Chef seinen Mitarbeiter an, weil er das Gefühl hat, dass dieser unzufrieden ist. Der Chef will die Ursache für die Unzufriedenheit herausfinden.

Nehmen wir an, dass der Mitarbeiter männlich und 52 Jahre alt ist. Vermutlich hat er sich in diesem Alter schon mal gedanklich mit dem Ruhestand beschäftigt. Hier kann der Chef ansetzen und zum Beispiel sagen:

 »Sie machen sich ernste Gedanken, wie es finanziell in ein paar Jahren bei Ihnen aussehen wird und ob Sie Ihren Lebensstandard halten können.«

Da der Mitarbeiter männlich ist, wird folgende Aussage ebenfalls sehr wahrscheinlich auf ihn zutreffen:

 »Sie haben Angst vor der Vorstellung, einiges zu verlieren.«

Natürlich muss man auch hier wieder den Gesprächspartner im Blick haben und einschätzen, inwieweit man richtig liegt, um gegebenenfalls eine andere Richtung einzuschlagen.

Ist der Mitarbeiter ein Familienmensch und vorausgesetzt, es geht ihm nicht um sein Auskommen im Alter, sondern darum, dass er in letzter Zeit übermäßigen Stress bei der Ausübung seiner Arbeit verspürt und dadurch seine Familie vernachlässigt, will er vermutlich gerne mehr Zeit mit seiner Frau und seinen

Kindern verbringen. Folgende Aussage des Chefs würde dann sein Problem treffen:

 »Vielleicht würden Sie sich über mehr Freizeit und einen zusätzlichen Tag Urlaub freuen, den Sie dann mit Ihrer Familie verbringen können.«

Die Momentaufnahmen aus verschiedenen Gesprächssituationen zeigen, dass es viele Möglichkeiten gibt, die einzelnen Techniken miteinander zu verknüpfen, um immer wieder die Gedanken des Gesprächspartners aufzugreifen und widerzuspiegeln.

Outs – Was tun, wenn man daneben liegt?

Trotzdem kann es Situationen geben, in denen man daneben liegt. Möglicherweise hat man ungenau beobachtet oder etwas falsch gedeutet. Um die Aussage doch noch in einen Treffer zu verwandeln, benötigt man sogenannte Outs.

Outs sind Auswege, um sich aus einer misslichen Situation zu befreien und die Kommunikation zielgerichtet fortzusetzen. Grundprinzip dabei ist, die eigene Aussage ins rechte Licht zu rücken, auch wenn der Gesprächspartner Zweifel an der Richtigkeit anmeldet. Dadurch kann man ihn vielleicht zu einer anderen Sicht auf die getroffene Aussage bringen. Dabei geht es nicht darum, um des Rechthabens willen auf seinen Worten zu beharren, sondern darum, mit möglichst großer Übereinstimmung eine gute Gesprächsbasis zu schaffen.

Welche Outs man wählt, ist abhängig vom Gesprächspartner, der Situation und der getroffenen Aussage. Im Folgenden sind verschiedene Outs beschrieben, die einem weiterhelfen.

Out: »Überlegen Sie noch mal!«

Diese Methode wird sehr häufig verwendet. Man bleibt bei seiner Aussage und versucht, zumindest teilweise Zustimmung zu erreichen. Dazu gibt man sich ein wenig ratlos, um den Gesprächspartner anzuregen, selbst herauszufinden, inwieweit die Aussage zutrifft.

Beispielaussage: »Sie haben sich in letzter Zeit bestimmt einmal Gedanken über Ihre berufliche Zukunft gemacht.«

Reagiert der Gesprächspartner verhalten oder gar ablehnend, kann man einwenden:

»Sind Sie sicher? Sie haben doch bestimmt schon einmal überlegt, was Sie noch erreichen wollen?«

Sollte der Gesprächspartner wieder keine Zustimmung signalisieren, antwortet man etwas wie:

»Okay, Sie haben sich vielleicht nicht bewusst Gedanken über Ihre berufliche Zukunft gemacht. Vermutlich haben Sie aber schon auf die bisherige Karriere zurückgeblickt.«

Antwort des Gesprächspartners: »Ja, und ich bin damit sehr zufrieden.«

Man konzentriert sich weiterhin auf die Fakten, die zutreffen, und lässt die anderen Punkte ungeklärt außer Acht. In diesem Fall stimmen wir zumindest in dem Punkt überein, dass der Gesprächspartner sich Gedanken über seine Karriere, wenn auch mit Blick auf die Vergangenheit, gemacht hat. Damit haben wir eine Ausgangslage geschaffen, auf der das weitere Gespräch aufbauen kann.

Stellt sich zu einem späteren Zeitpunkt im Gespräch heraus, dass er sich doch schon mit der beruflichen Zukunft beschäftigt hat, die Aussage also doch ein Treffer war, kann man noch einmal darauf zurückkommen. Etwa so: »Genau das meinte ich vorhin.« War die Aussage aber wirklich ein Flop, gerät dieser in Vergessenheit, da man sich meistens nur an den Treffer zurückerinnert.

Out: »Emotional liege ich richtig.«

Angenommen, Ihre Aussage stimmt als reiner Fakt nicht. Sie stimmt aber im Zusammenhang mit einem Bedürfnis, einem Wunsch oder generellem Interesse. Manchmal gewinnt eine Aussage nach diesem Out an größerer Bedeutung, als wenn nur der reine Fakt gestimmt hätte. Denn durch diesen Ausweg bekommt die Aussage eine tiefergehende Bedeutung.

> Beispielaussage: »Sie haben Ihre Familienplanung schon umgesetzt.«

> Negative Reaktion des Gesprächspartners: »Nein, ich habe keine Kinder.«

Wenn dabei zusätzlich Anzeichen von Trauer im Gesicht abzulesen sind, liegt die Vermutung nahe, dass er sich Kinder wünscht.

> Reaktion: »Aber Sie würden gerne Kinder haben.«

Sehr wahrscheinlich liegt man damit richtig und der Gesprächspartner wird sich verstanden fühlen.

Out: »Konzentrieren wir uns auf das Wichtige!«

Die getroffene Aussage wird verneint. Man geht darüber hinweg und betont, dass etwas anderes das eigentlich Wichtige ist. Damit fährt man dann fort.

> Beispielaussage: »Sie haben sich bestimmt schon gefragt, warum ich Sie zu mir gebeten habe.«

Geht der Gesprächspartner nicht darauf ein, kann man folgendermaßen umschwenken:

»Okay, viel wichtiger ist auch, dass Sie jetzt hier sind. Es geht um …«

Dass man sich in seiner Vermutung geirrt hat, fällt gar nicht weiter auf. Hätte der Gesprächspartner sich aber wirklich zuvor gefragt, was der Anlass des Gesprächs ist, wäre die Aussage ein sehr guter Gesprächseinstieg gewesen.

Out: »Grundsätzlich liege ich richtig.«

Man stellt fest, dass die Aussage in den Details nicht zutrifft. Betrachtet man aber das Ganze, dann liegt man richtig.

> Beispielaussage: »Ihrem Unternehmen geht es derzeit nicht gut. Die Umsätze gehen zurück, und Sie haben keine Strategie, wie Sie dem begegnen können.«

> Negative Antwort des Gesprächspartners: »Unsere Umsätze haben sich im letzten Jahr eher ein wenig verbessert. Dafür sind unsere Kosten aber explodiert.«

> Reaktion: »Ah, das Problem liegt bei den Kosten. Das heißt, Sie würden mir zustimmen, dass Sie gerade schwierige Zeiten durchmachen und einen Ausweg suchen.«

Out: »Vermutlich liegt es zu lange zurück …«

Dieses Out eignet sich besonders gut, wenn man Aussagen über die Vergangenheit trifft. Je länger etwas zurückliegt, umso einfacher ist dieser Ausweg. Auch hier kehrt man nicht von seiner Aussage ab, sondern suggeriert, dass das Gegenüber die Aussage deshalb als unwahr ansieht, weil es das, worüber man spricht, schlicht vergessen hat. Schließlich kann sich niemand an alles erinnern.

Beispielaussage: »Jeder, bestimmt auch Sie, hat schon mal etwas gekauft, was sofort kaputtging.«

Das Gegenüber stutzt.

Reaktion: »Vermutlich war das für Sie nicht bedeutsam, und Sie erinnern sich daher nicht mehr daran.«

Jetzt sollte man gleich mit dem Gespräch fortfahren, um die Aufmerksamkeit von dem missglückten Einstieg abzuwenden. Etwa so: »Bestimmt werden Sie mir zustimmen, dass an Qualität heute keiner vorbei kommt.«

Out: »Wahrscheinlich wissen Sie es noch gar nicht ...«

Man gibt seinem Gegenüber das Gefühl, dass es wahrscheinlich nichts von der Sache weiß, von der man erzählt. Er kann also auch nicht einschätzen, ob die Aussage stimmt.

Beispielaussage: »In dem Unternehmen, in dem Sie arbeiten, gibt es zur Zeit ein paar Veränderungen in der Führungsebene.«

Das Gegenüber kann dies nicht bestätigen.

Reaktion: »Es ist auch erst seit Kurzem im Gespräch.«

Hätte der Gesprächspartner die Aussage sofort bestätigt, hätte man die Information gewonnen, dass ein Führungswechsel bevorsteht. Durch die anschließende Bemerkung wird das Gegenüber noch einmal darüber nachdenken, ob es vielleicht doch etwas gehört hat.

Out: »Vermutlich weiß das niemand so genau ...«

Dieser Ausweg ist dem vorigen sehr ähnlich. Er unterscheidet sich dadurch, dass *niemand* so genau sagen kann, ob die vorangegangene Behauptung stimmt.

> Beispielaussage: »In Ihrem Kollegenkreis gibt es jemanden, der sich gerade nach einer anderen Stelle umsieht.«

Der Gesprächspartner ist überrascht und sagt, dass er davon nichts weiß.

> Reaktion: »Es geht nur das Gerücht um. Ich weiß auch nicht genau, wer es ist.«

Die Aussage dieses Beispiels wäre ein Treffer gewesen, wenn das Gegenüber auch von einem solchen Gerücht gehört hätte. Vielleicht wüsste es dann sogar mehr und würde erzählen, um wen es sich handelt. Da dem nicht so ist, wird die Aussage durch die Einschränkung, dass es nur ein Gerücht ist, abgeschwächt.

Out: »Ich habe noch nicht alles gesagt.«

Die Aussage erscheint vorerst falsch. Man fährt im Gespräch fort. Später bewahrheitet sich das Gesagte eventuell und man kommt darauf zurück.

> Beispielaussage: »Ich habe das Gefühl, dass es etwas gibt, weswegen Sie noch unzufrieden mit der Lösung sind.«

Der Gesprächspartner verneint und möchte, dass man mit der Präsentation fortfährt. Seine Körpersprache gibt einem aber den Eindruck, dass man doch recht hat und der andere nicht mit der Sprache herausrücken will.

Reaktion: »Dann machen wir erst mal weiter und kommen später noch einmal darauf zurück.«

Hätte man mit seiner Aussage Recht gehabt, dann hätte man sehr gutes Gespür bewiesen, und die Chance hätte bestanden, dass man sofort erfährt, wo das Problem liegt. Mit dem Out hat man die Frage aufgeschoben und fährt fort.

Out: »Ich kann verstehen, dass das ein unangenehmes Thema ist ...«

Man behauptet, die Aussage sei dem Gesprächspartner vielleicht etwas unangenehm oder peinlich, um direkt zur nächsten zu kommen.

Beispielaussage: »Vielleicht rühren Ihre Probleme im Job ja auch von Problemen im Privatleben her.«

Der Gesprächspartner weist diese Aussage von sich.

Reaktion: »Es tut mir leid, ich weiß, dass dies ein unangenehmes Thema sein kann.«

Anschließend lenkt man das Gespräch in eine andere Richtung. Es muss nun auch nicht sein, dass man wirklich falsch gelegen hat. Vielleicht will derjenige auch wirklich nicht über Privates sprechen. In jedem Fall zeigt man aber Aufmerksamkeit und die Bereitschaft, sich mit den Problemen anderer auseinanderzusetzen.

Out: »Aber Sie haben sich schon mal Gedanken gemacht ...«

Dieses Out ist universell einsetzbar. Zu fast jeder vernünftigen, aber vage formulierten Behauptung hat sich der Gesprächspartner meist irgendwann in seinem Leben schon mal Gedanken gemacht. Es kommt bei diesem Out darauf an, ihn dazu zu bringen, sich an das Vergangene zu erinnern.

Beispielaussage: »Sie wollen sich beruflich verändern.«

Der Gesprächspartner antwortet: »Nein, warum fragen Sie?«

Reaktion: »Sie haben aber bestimmt schon einmal drüber nachgedacht.«

Antwort des Gesprächspartners: »Ja, vor vier Jahren hatte ich überlegt, mich für den Posten als Lagerchef zu bewerben.«

Out: Der allerletzte Ausweg

Wenn alle Stricke reißen, bleibt nur noch eine Option. Nur wenn man keine andere Möglichkeit mehr sieht, eine Aussage in einen Treffer zu verwandeln, sollte man diesen allerletzten Ausweg nutzen.

Dieser besteht darin, dass man einsieht, dass die Aussage nicht stimmt. In vielen Fällen reicht einfach ein »Okay« oder »Ich kann mich ja auch mal irren«.

Aber Vorsicht: Gesteht man seinen Irrtum zu bereitwillig ein oder will ihn gar rechtfertigen, ist das Risiko groß, dass der Gesprächspartner sich später daran erinnert oder noch länger darüber Gedanken macht. Besser ist es, die Sache einfach kurz abzuhaken und weiter zu machen. Dann besteht die Chance, dass die missglückte Aussage gar nicht auffällt.

Den Aussagen eine stärkere Bedeutung verleihen

Stimme schafft Stimmung. Daher ist es für die Bedeutung einer Aussage entscheidend, wie man spricht und die Stimme führt. Eine Aussage kann völlig belanglos erscheinen, wie eine Frage wirken oder auch Glaubwürdigkeit ausstrahlen. Der einzige Unterschied besteht in der Stimmführung.

Je monotoner die Stimme, desto geringer ist die Wirkung der Worte. Heruntergeleierten Sätzen wird folglich wenig Aufmerksamkeit geschenkt.

Um der Aussage nun eine Bedeutung zu verleihen, kann man die Stimme anheben oder absenken. Das Anheben der Stimme am Satzende führt dazu, dass der Satz wie eine Frage wirkt. Dies ist dann hilfreich, wenn man eine Antwort bekommen möchte. Allerdings löst das Anheben der Stimme oftmals auch eine Gegenfrage aus, da es Unsicherheit signalisiert.

Senkt man allerdings die Stimme am Satzende ab, wirkt die Aussage wie ein Befehl. Man suggeriert dadurch seinem Gegenüber, dass das Gesagte eine Tatsache ist, derer man sich sicher ist. Eine tiefer werdende Stimme schafft dadurch auf unbewusste Weise Glaubwürdigkeit. In der Folge ist man hier eher bereit, die Aussage zu bestätigen.

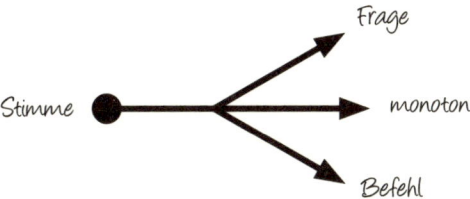

Die Wahrscheinlichkeit, dass der Gesprächspartner eine Aussage bestätigt, wird größer, wenn man selbst leicht mit dem Kopf nickt. Hier wirken wieder die Spiegelneuronen: Man zeigt dem Gegenüber ein Verhalten, dass er unbewusst nachahmt. Er wird also eher bejahen.

Daneben gibt es auch die Möglichkeit, andere wichtige Teile des Satzes hervorzuheben und ihnen dadurch eine stärkere Bedeutung zu verleihen, sodass sie intensiver wahrgenommen werden. Dazu reicht es schon, wenn man Tempo, Lautstärke oder Betonung leicht verändert. Aber auch Berührungen oder Handbewegungen sind hilfreich, um Satzteile hervorzuheben. Will man zum Beispiel über eine dritte Person sprechen, zeigt man mit der Hand weg von seinem Gegenüber. Kommt man dann auf den Gesprächspartner zurück, zeigt man wieder auf ihn.

Um die Wirkung der eigenen Worte zu verstärken, hilft es ebenfalls, sich selbst in das Erzählte einzufühlen und es nach außen zu transportieren. Erzählt man etwas Freudiges, sollte man diese Freude auch durch seine Mimik, Gestik und Sprechweise zeigen.

Der Stress-Faktor

Grundsätzlich gilt, dass sich die Gedanken eines kooperativen Gesprächspartners leichter entschlüsseln lassen als die eines unkooperativen. Schafft man es, das Gegenüber für sich zu gewinnen, ist es einfacher, ihm Hinweise zu entlocken. Er wird offener antworten und bereitwilliger Informationen preisgeben. Daher sollte das Ziel immer die Kooperation sein.

Jedoch erlebt man manchmal Situationen, in denen der Gesprächspartner versucht, möglichst wenig über sich zu offenbaren. Will man dennoch zum Beispiel einen konkreten Verdacht überprüfen, kann man dies tun, indem man leichten Druck auf sein Gegenüber ausübt.

In meinen Vorträgen nutze ich den Stress-Faktor bei dem Experiment mit einem Messer. Ein Zuschauer versteckt unter einer von fünf Papiertüten ein Messer, das mit der Spitze nach oben gerichtet ist. Anschließend versuche ich, mit verschiedenen Methoden herauszufinden, unter welcher Papiertüte das Messer *nicht* ist, und schlage auf diese mit meiner Hand. Ich spiele also eine Art »Russisch Roulett«. Es ist bei diesem gefährlichen Experiment also extrem wichtig, dass ich die Gedanken richtig entschlüssele. Um niemanden zu verletzen, baue ich bewusst Druck bei dem Zuschauer auf. Dazu greife ich seine Hand, lege diese unter meine und wir schlagen gemeinsam zu. Somit geht es nicht mehr nur um meine, sondern auch um seine Unversehrtheit. Dadurch macht er es mir einfacher, herauszufinden, wo sich das Messer befindet.

Das Experiment zeigt, dass man unter Stress schneller Informationen bewusst und auch unbewusst durch Veränderungen in der Körpersprache preisgibt. Sobald es also für unser Gegenüber um etwas Wichtiges geht, ist es für uns einfacher, seine Gedanken zu entschlüsseln.

Eine gute Möglichkeit, um den Stress zu erhöhen, ist das Eindringen in die engste Distanzzone. Jeder kennt das unangenehme Gefühl, wenn uns jemand zu nah kommt. Man fühlt sich unwohl und gerät in eine Stresssituation. Der andere wirkt auf uns bedrohlich, sodass die gesamte Aufmerksamkeit und Konzentration auf ihn gerichtet ist. Er nimmt uns jede Ausweichmöglichkeit.

Je nach Kultur sind die Distanzzonen unterschiedlich ausgeprägt. Auch die Persönlichkeit eines Menschen hat Einfluss darauf. Extrovertierte Menschen geraten weniger unter Druck, wenn man ihnen zu nah kommt. Introvertierte versuchen, einen größeren Abstand zu wahren.

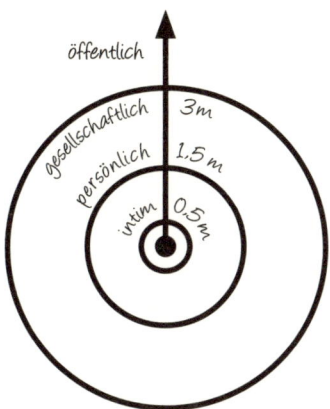

Man unterscheidet im europäischen Kulturkreis vier Distanzzonen. Die intime Zone umfasst einen Radius von bis zu einem halben Meter um uns herum. Hier dürfen nur enge Vertraute hinein.

Die nächstgrößere Zone ist die persönliche. Sie erstreckt sich über einen Abstand von einem halben bis anderthalb Metern. Menschen, zu denen man eine freundschaftliche Beziehung hat oder für die man Sympathie empfindet, dürfen diese Distanzzone betreten.

Die gesellschaftliche Zone, die sich bei anderthalb bis drei Metern befindet, wird durch alle Menschen betreten, mit denen wir im Gespräch sind.

Die öffentliche Zone umfasst alles darüber und ist für die Kommunikation zwischen zwei Menschen eher weniger von Bedeutung.

Nähert man sich also dem Gegenüber auf weniger als einen halben Meter, indem man langsam auf ihn zugeht oder sich nach vorn lehnt, dringt man in seine intime Distanzzone ein und baut einen leichten unangenehmen Druck auf. Er wird angespannt sein und seine volle Konzentration und Aufmerksamkeit richtet sich auf uns. Für ihn wird es dadurch viel schwerer, Ausflüchte zu finden und Reaktionen zu unterdrücken.

Stress lässt sich außerdem erzeugen, indem man vorgibt, mehr über den Gesprächspartner zu wissen, als man sagt. Er fragt sich, was man noch in der Hinterhand hat, und wird nervös. Eine solche Machtposition erleichtert die Informationsbeschaffung sehr.

Die Wahrnehmung beeinflussen

Zukunftsprognosen gibt es, seitdem die Menschheit existiert. Egal, ob man zu Zeiten der griechischen Antike das Orakel bemühte oder im ausgehenden Mittelalter an die Prophezeiungen des Nostradamus glaubte. Der Blick in die Zukunft hat die Menschen schon immer fasziniert. Kartenleger, Handleser und sonstige Wahrsager erwecken den Eindruck, die Zukunft zu kennen. Was ist aber tatsächlich dran an solchen Zukunftsdeutungen?

Die Seher wollen einen glauben lassen, dass sie wüssten, was die Zukunft bringt, und verändern damit die Wahrnehmung alldessen, was um einen herum und mit einem passiert. Ihre Aussagen werden zu sogenannten selbsterfüllenden Prophezeiungen. Sie bewahrheiten sich, weil sie die Erwartungshaltung ihres Gegenübers und damit seine Beobachtung beeinflussen. Er wird selektiv das erfassen, was der Prophezeiung entspricht, und unbewusst Entscheidungen treffen, die sehr wahrscheinlich zu dem prophezeiten (oder zu dem von ihm erwarteten) Ergebnis führen.

Würde jemand mit der entsprechenden Absenderkompetenz den Zusammenbruch des Währungssystems prophezeien, könnte das zu einem sogenannten Bank Run führen, bei dem nahezu alle Anleger zeitnah versuchen würden, ihre Einlagen abzuheben. Banken halten aber nur einen Bruchteil ihres Vermögens als Bargeld bereit. Der hauptsächliche Teil ist in längerfristige Aktiva angelegt. In der Folge kann das zur Insolvenz führen. Die Prophezeiung hätte sich erfüllt.

Selbsterfüllende Prophezeiungen erleben wir an der Börse sehr oft. Wird ein Aufschwung prophezeit, kommt es zu verstärkten Wertpapierkäufen. Durch diese erhöhte Nachfrage steigt der Wert der Papiere rasch an und die erwarteten Kurssteigerungen treten ein.

Mit denen hier beschriebenen Techniken können nicht nur Aussagen über die Persönlichkeit und die Vergangenheit eines Menschen getroffen werden, sondern auch sein Blick auf seine Zukunft. Je enger der gemeinsame Draht ist, das heißt, je tiefer Sie in seine Gedanken eintauchen, desto mehr wird er Ihrer »Prophezeiung« Glauben schenken.

Vorhersagen sind also gut geeignet, Gesprächspartner auf ein bestimmtes Ziel zu lenken. Ist der Gesprächspartner beispielsweise unmotiviert und fühlt sich schlecht, kann man sagen: »Bestimmt wird schon bald etwas passieren, sodass Sie sich besser fühlen.« Diese Behauptung klingt für das Gegenüber spezifisch, ist aber eigentlich sehr vage ausgedrückt. »Bald« sagt nicht aus, ob das Ereignis morgen, in einer Woche, einem Monat oder viel später eintrifft. Der Gesprächspartner wird nun in der Zukunft aufmerksamer nach dem lebensverändernden Ereignis Ausschau halten. Und wenn das dann passiert, wird er denjenigen damit in Verbindung bringen, der es ihm prophezeit hat.

Im Business kann zum Beispiel ein Vertriebsleiter bei seinen Verkäufern die Erwartung wecken, dass sie nach einem bestimmten Training noch erfolgreicher sein werden, und sie so zu noch besseren Verkäufern machen. Äußert er sich aber skeptisch über die Schulung, wird ihr Effekt von vorneherein gemindert.

Ein weiteres Beispiel der Anwendung von Vorhersagen findet man in werblichen E-Mails oder Briefen. Dort wird formuliert, dass der Empfänger von den Vorteilen des angebotenen Produkts überrascht sein wird. Mit entsprechendem Selbstbewusstsein vorgebrachte Behauptungen richten den Fokus des Adressaten schnell in die gewünschte Richtung.

Vorhersagen können im Übrigen auch spezifischer formuliert werden. Vorher sollte man dem Gesprächspartner genauere Informationen entlocken und sie für eine noch persönlicher wirkende Prophezeiung nutzen.

Kleine Feinheiten, aber dennoch von Bedeutung

Mit positiven Aussagen die Trefferquote erhöhen

Immer dann, wenn man positive Aussagen über die Persönlichkeit eines Menschen trifft, stehen die Chancen gut, dass er einem zustimmt. Wir alle haben ein bestimmtes Bild von uns im Kopf, von dem wir glauben, dass es uns gut beschreibt. Dieses Bild bezeichnet man in der Psychologie als Selbstbild. Dabei treten oft Selbsttäuschungen auf. Nur weil man davon überzeugt ist, besser Auto fahren zu können oder kreativer zu sein als andere, muss das noch lange nicht stimmen.

Wir glauben also gerne das, was wir glauben möchten, und machen uns dabei oft selbst etwas vor. Das passiert vor allem dann, wenn wir die genannten Eigenschaften für besonders wichtig halten. Wenn nun auch noch andere Menschen uns positive Eigenschaften zuschreiben, bestätigen sie damit unser Selbstbild.

Die Psychologen Justin Kruger und David Dunning von der Cornell Universität haben herausgefunden, warum wir unsere Fähigkeiten oftmals überschätzen. Ihre These: Inkompetente Menschen wissen meist nicht, dass sie inkompetent sind. Schließlich kann man nur sagen, was man weiß. Unklar ist uns, was wir alles nicht wissen. Dadurch entsteht eine Art blinder Fleck. Wir haben nicht alle Informationen, die wir bräuchten, um uns selbst richtig einzuschätzen. Folglich beginnen wir, uns zu überschätzen, und kreieren ein verzerrtes Selbstbild.

Dieser Prozess wird durch die selektive Wahrnehmung verstärkt. Wir neigen dazu, uns auf Aussagen über uns zu konzentrieren, mit denen wir uns identifizieren können, und werden uns daher auch eher an diese erinnern. Die anderen, nicht zutreffenden werden ausgeblendet und schnell vergessen.

Nach diesem Muster funktionieren unter anderem auch Horoskope. Entdeckt man darin einen Fakt, der zutrifft, scheint das gesamte Horoskop wahr zu sein. Dass der Rest jedoch komplett falsch war, wird gedanklich ausgeklammert.

Die Drei-Sekunden-Regel

Ich erlebe es oft, dass Menschen sich nicht trauen, die Gedanken des Gesprächspartners auszusprechen, weil sie befürchten, daneben liegen zu können. In solchen Fällen sollte man innerhalb von drei Sekunden handeln. Sei es das Ansprechen von Kunden, die Kaltakquise am Telefon oder der Gang zum Chef, die Drei-Sekunden-Regel gilt immer. Wartet man länger, beginnt man sich Gedanken darüber zu machen, was alles passieren kann, und die Wahrscheinlichkeit zu handeln sinkt.

Das Gedächtnis trainieren

Das Gehirn verknüpft und ordnet alles, was wir sehen, hören, fühlen, riechen und schmecken, um diese Sinneseindrücke dann im Gedächtnis abzuspeichern. Für den beruflichen Erfolg kann es entscheidend sein, inwieweit man fähig ist, Informationen aus dem Gedächtnis abzurufen. Kann man sich gut an Gesichter, Namen, Zahlen und andere Fakten erinnern, ist es leichter, Zusammenhänge zwischen vergangenen Situationen und der jetzigen zu erkennen.

Es gibt unzählige Techniken, mit denen man sich Informationen leichter merken kann. Grundsätzlich gilt, dass Dinge besser im Gedächtnis bleiben, wenn wir uns besonders dafür interessieren. So ist es möglich, dass sich jemand an alle Finalspiele der letzten Fußball-WM erinnert, dagegen aber die Hälfte seines Einkaufs vergisst. Um sich Dinge einzuprägen, sollte man also bewusst sein Interesse und seine Aufmerksamkeit darauf lenken.

Menschen öffnen

Am leichtesten lassen sich die Gedanken aufgeschlossener Menschen entschlüsseln. Von Personen, die einem ihre volle Aufmerksamkeit schenken und vertrauen, ist es leichter, Informationen zu bekommen.

Man wird aber auch auf Gesprächspartner treffen, die sich sehr zugeknöpft geben. Dies kann verschiedene Ursachen haben, und man sollte versuchen, ihr Vertrauen zu gewinnen. Das gelingt im besten Fall mit der Spiegeltechnik, die Ähnlichkeiten signalisiert. Danach geht man auf den Widerstand ein, indem man den möglichen Grund anspricht. Damit nimmt man dem Problem den Wind aus den Segeln, und das Gesprächsklima verbessert sich.

Schweigen ist nicht immer Gold

Präsentiert man seinem Gesprächspartner eine ganze Fülle an Informationen, fällt es ihm in der Regel schwer, sich alles zu merken. Er wird sich meist nur an das erinnern, was ihm richtig und wichtig erscheint. Alles andere hat weniger Bedeutung.

Viele Wahrsager und Kartenleger nutzen diesen Umstand in ihren Sitzungen, indem sie fast ununterbrochen reden. Damit erhöhen sie die Wahrscheinlichkeit, dass unter vielen Aussagen einige richtige sind, die im Gedächtnis bleiben werden.

Diese Methode kann einem gegebenenfalls auch bei den ersten Mind-Hacking-Versuchen helfen. Man sagt möglichst viel über den anderen. Fehler fallen dabei aufgrund der Vielzahl an Aussagen kaum auf. Man beobachtet das Feedback und geht darauf ein. Offensichtliche Flops kann man über die beschriebenen Auswege korrigieren.

Auch bei einer Präsentation wird sich der Zuhörer aus der

Fülle an Informationen das herausfiltern, was seiner Gedankenwelt entspricht. Der Präsentierende kann durch Beobachtung herausfinden, an welchen Punkten er aufhorcht, und sich darauf konzentrieren.

Sprechtempo erhöhen, Pausen verkürzen
Die Menge der Information sorgt also unter anderem dafür, dass nur bestimmte Aussagen in Erinnerung bleiben. Außerdem kann man ein etwas höheres Sprechtempo an den Tag legen. Dadurch verhindert man, dass das Gegenüber zu lange über das Gehörte nachdenkt. Selbstverständlich, dass man auch nicht zu schnell sprechen sollte. Ihre Äußerungen müssen nachvollziehbar sein.

Einfach und verständlich bleiben
Um die Aufmerksamkeit und Konzentration des Gesprächspartners zu halten, sollte man einfache und verständliche Worte wählen. Man kann noch so perfekt durchdachte Thesen präsentieren, wenn das Gegenüber nicht versteht, was man ihm damit sagen will, werden sie nicht ankommen. Bleibt man einfach und verständlich, wird das Gegenüber die Informationen leichter aufnehmen und schneller eine Reaktion zeigen.

Direktes und indirektes Aussprechen der Gedanken
Je direkter die Gedanken des Gegenübers ausgesprochen werden, umso mehr richtet sich seine Aufmerksamkeit auf das Gehörte. Die Aussagen haben eine stärkere Wirkung.

Daneben gibt es die Möglichkeit, Gedanken auch indirekt wiederzugeben. Dabei bezieht man seine Äußerungen nicht direkt auf das Gegenüber, sondern indirekt auf eine andere Person oder man nutzt Metaphern. Der Gesprächspartner findet sich in den Aussagen wieder und interpretiert diese für sich.

Folgende Satzanfänge eignen sich gut für das indirekte Aussprechen von Gedanken:

»Neulich hatte ich einen Termin bei einem Kunden, der …«
»Manche Mitarbeiter machen sich Gedanken, ob …«
»Ich habe jemanden kennengelernt, der …«

Die Person, über die man angeblich spricht, sollte möglichst viele Gemeinsamkeiten mit dem direkten Gesprächspartner aufweisen.

Man kann zum Beispiel erzählen, was anderen wichtig war, und findet so heraus, ob das auch für das Gegenüber gilt. Erkennt man, dass der Gesprächspartner auf die indirekten Aussagen reagiert, kann man seine Gedanken direkt ansprechen.

Durch Zusammenfassung Aussagen verstärken

Wann immer es zur Situation passt, sollte man die richtigen und wichtigen Aussagen am Ende kurz und knapp zusammenfassen. Durch die Betonung der zutreffenden Aussagen kann man die Erinnerung des Gesprächspartners maßgeblich beeinflussen. Richtige Aussagen werden dadurch vertieft, falsche geraten besser in Vergessenheit.

Bezieht man bei der Zusammenfassung die zusätzlichen Informationen, die der Gesprächspartner ergänzt hat, mit ein, wird die Illusion erzeugt, dass man sehr genau weiß, wie er tickt und was er will.

Nehmen wir an, man sagt einem Mitarbeiter im Jahresgespräch, dass er in letzter Zeit sehr lange an einem Projekt gearbeitet hat. Der bestätigt das und ergänzt, dass er für dieses Projekt befördert wurde.

Fasst man nun später an passender Stelle zusammen, dass der Mitarbeiter lange mit einem Projekt beschäftigt war, das sein berufliches Fortkommen beeinflusst hat, wird er sehr wahrscheinlich in Erinnerung behalten, dass man die Beförderung selbst angesprochen hat. Ein weiterer Punkt, durch den Wohlwollen entsteht.

Die Dinge mit Humor nehmen

Es hat sich bewährt, spielerisch an die Sache heranzugehen. Wenn man das Gedankenlesen allzu ernst sieht, verkrampft man schnell, blockiert sich selbst und kommt leicht vom Gesprächsziel ab.

Mit Humor dagegen kommt man besser rüber und gewinnt Menschen leichter für sich. Humor macht jeden von uns menschlicher. Vor allem in den Situationen, in denen es um etwas geht, sollte man sich daher eine gewisse Lockerheit und vor allem Flexibilität bewahren.

Woher wissen Sie das?

Es kann vorkommen, dass jemand die Frage stellt: »Woher wissen Sie das?« oder: »Wie kommen Sie darauf?« Wenn ich als Mentalist auf der Bühne stehe, geht das Publikum von vornherein davon aus, dass ich ausspreche, was andere denken. Es werden andere Erwartungen an mich gestellt. Die Zuschauer rechnen damit, dass ich sie permanent beobachte und ihren Gedanken auf die Schliche komme.

In Businessgesprächen sollte man auf diese Frage eine gute Antwort parat haben. Man könnte zum Beispiel sagen: »Ich habe viel mit Menschen zu tun.« Damit liegt man in vielen Situationen sehr gut und weckt nicht zu hohe Erwartungen, schafft aber trotzdem eine gewisse Nähe und Vertrauen. Außerdem erhält man so die Möglichkeit, etwas über den eigenen beruflichen Hintergrund einfließen zu lassen, so er denn für das Gespräch wichtig ist.

Bei einem persönlichen Gespräch könnte man mit folgender Bemerkung mehr Nähe schaffen: »Vielleicht sind wir einfach auf der gleichen Wellenlänge.«

Üben, üben, üben

Wie beim Lernen eines Instruments muss man auch Mind Hacking üben. Im Unterschied zu einem Instrument kann man aber immer, wenn man mit Menschen in Kontakt kommt, trainieren. Je mehr Menschen man tagtäglich analysiert, umso einfacher wird einem das Entschlüsseln der Gedanken des Geschäftspartners fallen.

Gedankenspiele

Im Folgenden werden vier professionelle Mental-Experimente beschrieben, die zum Ausprobieren und Trainieren von Mind Hacking gedacht sind. Anders als im Businesskontext geht es bei den Experimenten nicht gleich um ein wichtiges Gespräch mit Kunden oder Mitarbeitern, sondern um die spielerische Anwendung von verschiedenen Methoden des Gedankenlesens. Erwarten Sie also keine Zaubertricks, die von ganz allein funktionieren. Der Erfolg dieser Experimente ist davon abhängig, ob das Gegenüber, das im Folgenden auch als Partner bezeichnet wird, aufmerksam und zur Mitarbeit bereit ist, und das liegt größtenteils in Ihrer Hand.

Experiment: Die drei Gedanken

Bei diesem Experiment wählt jemand einen von drei Gedanken aus. Der Mentalist ist in der Lage, herauszufinden, für welchen er sich entschieden hat.

Damit das möglich ist, spricht jeder der drei Gedanken einen anderen Sinneskanal an. Beim ersten Gedanken geht es um visuelle Eindrücke. Der zweite beschreibt etwas Auditives. Der dritte bewegt sich in der Gefühlswelt. Anhand der Augenstellung wird der Metalist erkennen, welchen Gedanken das Gegenüber gewählt hat.

Zuerst benötigt man eine Person, die bereit ist, das Experiment mitzumachen. Man sollte sie kurz darauf einstimmen, was sie erwartet.

»Wir werden jetzt zusammen ein Experiment durchführen, bei dem ich versuchen werde, Ihre Gedanken zu entschlüsseln. Sie können ganz beruhigt sein, ich werde nichts über Ihre persönlichen Geheimnisse erzählen. Damit das Experiment gelingt, ist es besonders wichtig, dass Sie genau das tun, was ich sage. Folgen Sie deshalb bitte meinen Anweisungen.«

Besonders der letzte Satz ist wichtig. Bei diesem Experiment hängt nämlich alles von der Vorstellungskraft des Gegenübers ab. Jetzt kann es losgehen:

»Stellen Sie sich vor, Sie stehen vor dem Eifelturm in Paris. Sie schauen ihn der Höhe nach an. Nehmen Sie sich kurz einen Moment Zeit, um ihn in Ihren Gedanken zu sehen. Versuchen Sie, so viele Details wie möglich zu erkennen.«

Während man über den ersten Gedanken spricht, muss man sich vergewissern, ob der Partner sich auch wirklich bildlich vorstellt, was man beschreibt. Das heißt, man muss schauen, ob sich seine Augen nach oben bewegen. Ist dem so, weiß man, dass er die Situation gerade bildlich erfasst. Bewegen sich seine Augen nicht, sollte man ihn nochmals darauf hinweisen, dass es wichtig ist, dass er sich den Gedanken wirklich bildlich vorstellt.

»Lassen Sie nun das Bild wieder verblassen. Ich möchte, dass Sie sich jetzt auf folgende Situation konzentrieren. Sie schalten Ihr Radio ein. Sie hören ihr Lieblingslied. Sie drehen das Radio lauter und beginnen mitzusingen. Stellen Sie sich vor, Sie könnten jetzt den Song laut hören. Singen Sie in Gedanken mit.«

Auch hier muss man wieder kontrollieren, ob der Partner dem auditiven Gedanken folgt. Dies ist der Fall, wenn sich seine Augen auf mittlerer Ebene zur Seite bewegen. Vielleicht dreht oder neigt er auch leicht seinen Kopf. Dann weiß man sicher, dass er sich auf die Geräusche konzentriert. Anschließend folgt der letzte Gedanke.

»Lassen Sie die Musik jetzt verstummen. Und stellen Sie sich vor, wie es sich anfühlt, wenn Sie einen Menschen treffen, in den Sie verliebt sind. Sie empfinden es als sehr angenehm, und es kribbelt in Ihrem Bauch. Das Gefühl des Verliebtseins wird immer intensiver. Stellen Sie sich vor, wie diese Person Sie zärtlich berührt, und spüren Sie die weichen Lippen, wenn Sie sich küssen.«

Bei diesem Gedanken muss man ebenfalls überprüfen, ob das Gegenüber tatsächlich etwas spürt. Dies wird er dann, wenn sich seine Augen nach unten bewegen.

Ist man nun alle drei Gedanken durchgegangen und konnte die genannten Veränderungen in der Augenstellung des Partners feststellen, kommt man zum eigentlichen Experiment. Man bittet das Gegenüber, einen der drei Gedanken auszuwählen. Die ganze Aufmerksamkeit soll vollständig auf diesen einen Gedanken konzentriert sein. Während er das tut, beobachtet man seine Augenbewegungen.

»Ich möchte, dass Sie sich jetzt für einen der drei Gedanken entscheiden. Schauen Sie sich jetzt bitte entweder den Eifelturm nochmals an, oder hören Sie Ihr Lieblingslied, oder aber fühlen Sie noch einmal, wie es ist, verliebt zu sein. Wählen Sie jetzt einen Gedanken aus, und konzentrieren Sie sich nur noch auf diesen einen Gedanken. Ist es der Eifelturm, dann stellen Sie ihn sich bildlich vor. Ist es Ihr Lieblingslied, dann hören Sie Musik und singen in Gedanken mit. Sind es die zärtlichen Berührungen und der Kuss, dann konzentrieren Sie sich so sehr darauf, dass Sie es wirklich spüren können. Entscheiden Sie sich jetzt.«

Bewegen sich die Augen nun im oberen Bereich, ist es der erste Gedanke, da er sich innerlich auf die visuellen Eindrücke konzentriert. Befinden sich die Augen dagegen kurz im mittleren Bereich, denkt er an sein Lieblingslied. Wandern die Augen nach unten, so ist es der dritte Gedanke, der Gefühle weckt.

Nachdem man erkannt hat, welchen Gedanken der Partner gewählt hat, kommt es auf die Präsentation an.

Einfach zu sagen: »Sie haben den zweiten Gedanken gewählt. Stimmt's?«, wäre banal. Wenn man ein kleines Wunder vollbringen und den Partner und die Zuschauer faszinieren will, dann beschreibt man, was er oder sie wahrgenommen hat oder haben könnte. Es kommt also darauf an, wie man jetzt in Szene setzt, was das Gegenüber denkt.

Wurde beispielsweise an die erste Geschichte gedacht, dann kann man sagen: »Ich glaube, Sie hatten gerade einen Gedanken, den Sie mit Romantik verbinden würden. Es ist aber nicht der Gedanke des Verliebtseins. Ich glaube eher, Sie befinden sich in Paris, der Stadt der Liebe, und betrachten den Eifelturm.«

Man kann das Experiment auch verändern und die Gedanken durch andere ersetzen. Wichtig ist dabei, dass die drei Gedanken sich visuell, auditiv und kinästhetisch einteilen lassen, damit man die Veränderungen der inneren Wahrnehmung anhand der Augenzugangshinweise erkennen kann.

Experiment: Münze in der Hand

Bei diesem Experiment findet man heraus, in welcher Hand der Partner eine Münze versteckt hält. Anstatt der Münze eignet sich auch jeder andere kleine Gegenstand, den man problemlos mit der Faust umschließen kann.

Man gibt also dem Partner eine Münze und dreht sich um. Er soll sich nun entscheiden und die Münze entweder in der rechten oder in der linken Hand platzieren und beide Hände zur Faust ballen. Anschließend dreht sich der Mentalist wieder zurück und ist in der Lage zu sagen, in welcher Hand sich die Münze befindet.

Damit das Experiment beeindruckender wirkt, sollte man es drei Mal durchführen. Schließlich hätte man schon beim bloßen Raten eine Chance von 50 Prozent. Gelingt es aber drei Mal hintereinander, ist man bei weitem überzeugender. Sollte man dennoch einmal daneben liegen, fällt es weniger ins Gewicht.

Es gibt drei Wege, die richtige Hand herauszufinden. Will man ihn verwirren, kann man alle drei nacheinander einsetzen. Dadurch wird er schwerer entdecken, wie der Mentalist die Münze finden konnte. Auch hier gilt, dass der Partner bereit sein muss, den Anweisungen des Mentalisten zu folgen.

Möglichkeit I: Hand am Kopf

Die erste Möglichkeit ist die einfachste. Der Mentalist gibt dem Partner eine Münze und dreht sich um. Er fordert ihn dann auf, sich für eine Hand zu entscheiden, die Münze hinein-zulegen und sie mit der Faust umschließen. Er soll nun seine gesamte Konzentration auf die Hand mit der Münze lenken und diese dazu an den Kopf halten. Nach etwa fünf bis zehn Se-kunden sagt der Mentalist: »Ballen Sie jetzt bitte beide Hände zur Faust, und strecken Sie diese nach vorn aus.« Der Mentalist dreht sich wieder zurück und betrachtet beide Fäuste. Eine der beiden wird heller sein als die andere. In dieser befindet sich die Münze.

Die einfache Erklärung: Hält der Partner die Hand mit der Münze an seinen Kopf, fließt das Blut aus der Hand heraus. In der Folge wird die Hand blass. Lässt er die andere Hand ohne Münze dabei nach unten hängen, wird Blut hineinfließen, so-dass sie dunkler erscheint. Hält man anschließend beide Fäuste nebeneinander, erkennt man den farblichen Unterschied.

Da man mit dem Rücken zum Partner steht, hat man keine Garantie, dass er den Anweisungen tatsächlich folgt. Daher sollte man demonstrieren, was er tun soll. Das heißt, wenn man ihm sagt, dass er die Hand mit der Münze an den Kopf legen soll, hebt man auch die eigene und legt sie an den Kopf. Die an-dere lässt man dabei nach unten hängen. Das erhöht zumindest die Chance.

Möglichkeit II: Minimale Bewegungen

Der zweite Weg, herauszufinden, in welcher Hand der Partner die Münze hält, erfordert eine schärfere Beobachtung. Man bit-tet ihn wie zuvor, die Münze in eine Hand zu nehmen und beide Hände als Faust nach vorn auszustrecken. Die Hand muss diesmal nicht an den Kopf gehalten werden. Wichtig ist aber, dass er die Hände etwas weiter als schulterbreit auseinander hält.

Jetzt gilt es zu beobachten. Oftmals schaut der Partner nochmal kurz auf die Hand, in der er die Münze versteckt hat, um zu prüfen, ob man sie wirklich nicht sieht. Dies kann schon ein erster Hinweis sein.

Als nächstes bittet man ihn, die Augen zu schließen und sich auf die Hand mit der Münze zu konzentrieren. Er soll sich gedanklich vorstellen, wie er auf die Hand mit der Münze schaut. Dabei wird er minimal den Kopf zu einer Seite drehen. Ebenfalls kann auch eine kleine Körper- oder Augenbewegung nach rechts oder links auf die Hand mit der Münze deuten. Es gilt also, besonders aufmerksam zu sein und ganz genau zu beobachten, wie sich der Partner verhält.

Möglichkeit III: Vorstellungskraft

Eine weitere gute Möglichkeit bietet unsere Vorstellungskraft. Der Mentalist nutzt den ideomotorischen Effekt, um die Münze zu finden. Der Anfang ist der gleiche. Der Partner hält die Münze in einer Hand und streckt beide Arme nach vorn aus. Damit das Experiment besser gelingt, soll er seine Augen schließen. Der Mentalist muss darauf achten, dass die Arme parallel zum Boden gehalten werden, und sagt dann in einem ruhigen, aber bestimmten Tonfall:

»Entspannen Sie sich. Atmen Sie einmal tief ein und wieder aus. Konzentrieren Sie sich jetzt genau auf das, was ich sage, und versuchen Sie, die Arme nicht zu bewegen, wenn Sie sich jetzt vorstellen, dass die Münze in Ihrer Hand immer schwerer und schwerer wird. Stellen Sie sich vor, dass das Gewicht der Münze immer größer wird. Sie ist so schwer wie Blei und zieht Ihre Hand nach unten. Entspannen Sie sich und konzentrieren Sie sich darauf, wie die Münze immer schwerer und schwerer wird und Ihre Hand nach unten zieht.«

Die Hand, in der sich die Münze befindet, wird nun langsam nach unten sinken. Das Ergebnis kann von Partner zu Partner sehr unterschiedlich sein. Bei manchen Personen wird die Hand sehr schnell und sehr weit nach unten sinken. Bei anderen kann diese Bewegung auch nahezu unmerklich sein und etwas länger andauern. Erkennt man jedoch, dass sich eine Hand nach unten bewegt, weiß man jetzt, dass sich darin die Münze befindet.

Um wirklich sicherzugehen, kann man zusätzlich Folgendes sagen:

»Stellen Sie sich vor, wie an der anderen Hand ein mit Helium gefüllter Luftballon befestigt ist, der Ihren Arm langsam nach oben zieht. Der Ballon ist so leicht, dass Sie diese Leichtigkeit auch in Ihrem Arm spüren können und er sich immer weiter und weiter nach oben hebt.«

Dadurch wird sich nun der andere Arm nach oben bewegen, sodass man deutlich erkennen kann, welche Hand tiefer liegt.

Experiment: Gedankenbilder

Bei diesem Experiment soll der Partner an ein Bild denken. Anschließend ist der Mentalist in der Lage, das nur gedachte Bild zu zeichnen. Dieses Experiment funktioniert nicht immer hundertprozentig. Die Wahrscheinlichkeit, dass man richtig liegt, ist aber sehr hoch. Die Methode dahinter ist ähnlich den universellen Aussagen, die ebenfalls auf fast jede Person zutreffen. Der Mentalist sagt zum Partner:

> »Bitte denken Sie jetzt an zwei einfache voneinander verschiedene geometrische Formen, die ineinander liegen. Also zum Beispiel ein Quadrat mit einer anderen Form darin. Nehmen Sie aber nicht das Quadrat. Das wählen nämlich die meisten. Folgen Sie Ihrem ersten Gedanken, und denken Sie jetzt an zwei einfache geometrische Symbole, eins innerhalb des anderen. Sind Sie soweit?«

Der Mentalist schaut den Partner an und zeichnet verdeckt folgende Formen:

Mentalist: »An welche beiden Symbole haben Sie gedacht?«

Der Partner antwortet. Anschließend dreht der Mentalist das Blatt um und präsentiert die Zeichnung.

In den meisten Fällen wird man richtig liegen, da fast jeder Kreis und Dreieck wählt. Noch viel wahrscheinlicher ist es, dass man eines der beiden Symbole richtig hat. Nehmen wir an, der Kreis stimmt und als zweites Symbol wurde aber ein Stern gewählt. Dann kann man immer noch argumentieren, dass das Dreieck dem Stern schon ein wenig ähnlich ist. Schließlich fehlen nur zwei Ecken, was bedeutet, dass man nicht ganz daneben liegt. Man nutzt also ein Out. Viel wichtiger ist es aber, sich auf das zu fixieren, was übereinstimmt, also auf die Treffer.

Der Mentalist weist bei der Auflösung bewusst nicht daraufhin, dass das Dreieck im Kreis liegt. Hat der Partner es sich genauso vorgestellt, wird er von selbst sagen, dass die Zeichnung mit seinen Gedanken übereinstimmt, wodurch das Experiment beeindruckender wird.

Das Experiment lässt sich fortsetzen. Der Mentalist merkt an, dass die Bilder nun ein wenig komplexer werden, und sagt:

»Stellen Sie sich jetzt vor, Sie wären zu Hause. Und in Ihren Gedanken schauen Sie jetzt aus dem Fenster. Konzentrieren Sie sich jetzt ganz spontan auf zwei Dinge, die Sie dort sehen.«

Der Mentalist zeichnet etwas auf, sodass es der Partner noch nicht sehen kann.

Mentalist: »Was haben Sie gedanklich vor Augen?«

Nachdem der Partner geantwortet hat, zeigt der Mentalist seine Skizze. Ähnlich wie zuvor bei Kreis und Dreieck wählen die meisten Menschen bei diesem Experiment einen Baum oder ein Auto. Zumindest eines der beiden Objekte wird sehr wahrscheinlich dabei sein. Zeichnet man den Baum wie abgebildet, kann man die Skizze auch als Blume interpretieren und sich gegebenenfalls so über ein Out den Treffer holen.

Experiment: Der Wahrsager

Dieses Experiment ist nicht nur spannend für den Partner, sondern auch für den Mentalisten, da er selbst nie weiß, wohin es genau führen wird. Man wird also genauso überrascht sein wie sein Gegenüber, wenn man ihm plötzlich Dinge erzählt, die man eigentlich gar nicht wissen kann.

Gleichzeitig bietet dieses Experiment eine sehr gute Trainingsmöglichkeit, um zum einen die Beobachtung zu schärfen, zum anderen aber auch die Menschenkenntnis zu schulen und die Intuition zu testen. Hier kann man also alle Techniken kombinieren und üben.

Am besten sucht man sich hierzu eine Person aus, über die man noch nicht allzu viel weiß. Dann ist der Trainingseffekt größer und das Experiment überzeugender.

Im ersten Schritt muss der Mentalist die Aufmerksamkeit seines Gegenübers erlangen und diese halten. Dadurch wird es ihm leichter fallen, die Gedanken im Folgenden zu entschlüsseln.

Vor dem Experiment führt er ein kurzes lockeres Gespräch und erklärt, was er machen wird. Allerdings wird er dabei nicht zu konkret in seiner Erklärung, damit der Partner Raum für Interpretationen bekommt. Dabei passt er sich der Physiologie und Körpersprache des Gegenübers an. Er nimmt die gleiche Körperhaltung ein und atmet im gleichen Rhythmus.

»Ich möchte, dass Sie sich gleich vorstellen, dass ich hier in meiner Hand eine Glaskugel halte. Und wenn wir dort hineinschauen, werde ich Ihnen etwas über Ihr Leben erzählen.«

Dabei formt der Mentalist die Hände zu einer Kugel. Die Kugel hat die einzige Funktion, dass der Mentalist damit die Aufmerksamkeit des Partners auf einfache Weise lenken kann. Der wird sich darauf konzentrieren und somit intensiver dabei sein. Natürlich kann man das Experiment auch ohne die fiktive Glaskugel durchführen. Um die Aufmerksamkeit zu halten, sollte man dann zumindest intensiven Augenkontakt aufbauen. Eine andere geeignete Möglichkeit ist es, die Hand des Gegenübers in die eigene zu legen und gemeinsam hineinzuschauen. Dann beginnt der Mentalist zu erzählen.

Dazu überlegt er sich zuerst ein Thema, mit dem er beginnen will. Besonders gut eignen sich hier die vier Lebensbereiche Liebe, Geld, Karriere und Gesundheit. Hier gibt es viele Aussagen, die auf nahezu jeden Menschen zutreffen. Eine davon nimmt man als Aufhänger, um weitere Details zu erfahren.

»Wenn wir in diese Glaskugel hineinschauen und uns darauf konzentrieren, sehe ich Formen. Es ist etwas verschwommen, aber ich kann eine Person wahrnehmen.«

Bis jetzt hat der Mentalist noch keine spezifischen Aussagen getroffen. Er regt ihn aber dazu an, zu überlegen, wer die Person sein könnte. Nehmen wir an, der Mentalist entscheidet sich für die universelle Aussage, dass es eine Person gibt, die im Leben des Partners eine wichtige Rolle spielt, da sie ihn vorangebracht habe.

»Ich glaube, dass Sie diese Person sehr gut kennen. Diese Person spielt in Ihrem Leben eine wichtige Rolle. Sie hat Ihnen geholfen.«

Der Mentalist hat keine Ahnung, wer die Person ist. Er macht daher nach dieser Aussage eine Pause. Der Partner wird jetzt wissen, wer gemeint ist, und die Aussage für sich richtig interpretieren. Der Mentalist beobachtet jetzt sein Gegenüber und schaut, ob er zustimmt. Je nachdem, was der Partner antwortet, kann der Mentalist damit fortfahren.

»Ich glaube, es ist ein Mann.«

Er beobachtet wieder den Partner, um zu erkennen, ob er zustimmt oder ablehnt. Nehmen wir an, der Mentalist hat recht, so schiebt er gleich die nächste Aussage nach.

»Und ich denke, dass dieser Mann jung ist.«

Bemerkt man jetzt auch nur ein kleines Anzeichen von Ablehnung, kann der Mentalist ein Out nutzen.

»Sie stimmen mir aber zu, dass der Mann jünger wirkt, als er in Wahrheit ist.«

Man kann dieses Experiment so weit fortführen, wie man will, und ganze Situationen oder Ereignisse beschreiben. Ebenso kann man auch die anderen Lebensbereiche aufgreifen. Man sucht sich dazu eine passende universelle Aussage oder formuliert selbst einen Fakt, den man aufgrund von Alter, Geschlecht, Raster oder auch intuitiv bestimmt hat.

Wichtig ist, dass man die nonverbalen Signale immer im Blick behält. So kann man feststellen, ob man einen Treffer erzielt hat, und den tatsächlichen Gedanken immer weiter einkreisen. Ist es kein Mann, dann wird es eine Frau sein. Ist die Person nicht jung, dann ist sie alt. Ist sie nicht groß, dann ist sie klein. Liegt etwas nicht lange zurück, dann war es vor Kurzem. Ist es an dem beschriebenen Ort nicht warm, dann ist es kalt. Hier gibt es unendlich viele Möglichkeiten, Menschen, Dinge und Ereignisse zu beschreiben. Je gezielter die Aussagen formuliert werden, umso leichter kann man das, was nicht zutrifft, ausschließen. Ebenso sollte man dem Partner immer Zeit geben, die Aussage für sich zu interpretieren. Erst dadurch kommen noch viel mehr Informationen ans Tageslicht, die man sonst gar nicht kennen könnte.

Bei diesem Experiment ist es möglich, alle Techniken zusammenbringen, um die Gedanken zu entschlüsseln. Spricht man über eine andere Person im Leben des Gegenübers und erkennt in dessen Gesicht bestimmte Emotionen, wie zum Beispiel Trauer, kann man vermuten, dass es in Verbindung mit dieser Person etwas gibt, was das Gegenüber bedrückt. Aber auch die anderen Techniken können hier eingesetzt werden, um mehr zu erfahren und Treffer zu erzielen.

In verschiedenen Situationen kann auch die Intuition helfen, bestimmte Dinge zu erkennen, zum Beispiel, wenn man ähnliche Erfahrungen gemacht hat.

Der Partner wird überrascht sein, wie viel man über ihn weiß, da das Experiment bei ihm den Eindruck hinterlässt, dass fast alles stimmt, was der Mentalist gesagt hat. Dabei hat er letztlich selbst alle Details genannt.

Schlussgedanke

Nun kennen Sie die Geheimnisse des Mind Hacking. In diesem Buch finden Sie alles, was Sie darüber wissen müssen. Zu Anfang waren Sie möglicherweise neugierig und skeptisch, ob das wohl geht, in die Köpfe anderer Menschen zu schauen. Doch vielleicht denken Sie jetzt bereits darüber nach, wie Sie das Gelesene anwenden, oder haben es sogar schon versucht und konnten auf diese Weise feststellen, welch starke Wirkung Sie mit Mind Hacking erzielen.

Die in diesem Buch beschriebenen Methoden und Techniken werden von Profis angewendet, um die Gedanken von Menschen zu entschlüsseln. Dabei ist Mind Hacking, wie Sie sich selbst überzeugen konnten, nichts Übernatürliches, sondern beruht darauf, sein Gegenüber genau zu beobachten, die menschliche Natur zu studieren und auf Erfahrungen zu vertrauen. Im Übrigen unterscheiden sich in diesem Punkt auch echte Mentalisten von Zauberern. Letztere arbeiten nämlich hauptsächlich mit Zaubertricks.

Worum es mir in diesem Buch ging, ist, zu zeigen, wie man die aufgeführten Vorgehensweisen anwendet, um Vertrauen zum Gesprächspartner aufzubauen und hinter seine tatsächlichen Gedanken, Motive und Bedürfnisse zu kommen. Vor allem im Business wird damit für beide Seiten eine Situation geschaffen, in der es gelingt, die wirklichen Interessen des Gegenübers zu artikulieren. Jede Manipulation ist klar zu verurteilen.

Diese Mechanismen mentaler Kommunikation kann jeder nutzen. Eines ist jedoch besonders wichtig. Man muss sich ernsthaft für sein Gegenüber interessieren. Nur dann kann man die Gedankenwelt des anderen wirklich verstehen. Dazu möchte ich zum Schluss einen besonderen Gedanken mit Ihnen teilen:

»Einem Menschen begegnen heißt,
von einem Rätsel wachgehalten werden.«

(Emanuel Lévinas)

Quellenverzeichnis

Bandler, Richard/Donner, Paul: Die Schatztruhe. NLP im Verkauf, Paderborn 1995

Bandler, Richard/Grinder, John: Therapie in Trance. NLP und die Struktur hypnotischer Kommunikation, Stuttgart 1984

Boothman, Nicholas: So kommen Sie auf Anhieb gut an!, München 2002

Carpenter, William B.: On the Influence of Suggestion in Modifying and Directing Muscular Movement, Independently of Volition, In: Royal Institution of Great Britain 1, S. 147–153, 1852

Chartrand, Tanya L./Bargh John A.: The Chameloen Effect. The Perception-Behavior Link and Social Interaction, In: Journal of Personality and Social Psychology 76, S. 893–910, 1999

Cialdini, Robert B.: Die Psychologie des Überzeugens, Bern 2010

Dutton, Kevin: Gehirnflüsterer. Die Fähigkeit, andere zu beeinflussen, München 2011

Edwards, Cliff: Scanner. The Science of Hidden Language, Berkshire 2007

Ekman, Paul: Gefühle lesen. Wie Sie Emotionen erkennen und richtig interpretieren, Heidelberg 2011

Erikson, Erik H.: Identität und Lebenszyklus, Frankfurt am Main 1966

Evans, Franklin B.: Selling as a Dyadic Relationship – A New Approach, In: American Behavioral Scientist 6(9), S. 76–79. 1963

Forer, Bertram R.: The Fallacy of Personal Validation. A Classroom Demonstration of Gullibility, In: Journal of Abnormal and Social Psychology 44, S. 118–123, 1949

Gigerenzer, Gerd: Bauchentscheidungen. Die Intelligenz des Unbewussten und die Macht der Intuition, München 2008

Hanussen-Steinschneider, Erik Jan: Das Gedankenlesen/Telepathie, Wien 1920

Knepper, Kenton: Mind Reading, o.O. 2005

Kruger, Justin/Dunning, David: Unskilled and Unaware of It. How Difficulties in Recognizing One's Own Incompetence Lead to Inflated Self-Assessments, In: Journal of Personality and Social Psychology 77 Nr. 6, S. 1121–1134, 1999

Labero, Joe: Wundermänner, ich enthülle eure Geheimnisse, Berlin 1933

Mack, Denise/Rainey, David: Female applicants' grooming and personnel selection, In: Journal of Social Behavior & Personality 5(5), S. 399–407, 1990

Moine, Donald J./Lloyd, Kenneth L.: Unlimited Selling Power. Die Techniken der Verkaufselite, Paderborn 1994

Naftulin, D. H./Ware, J. E./Donnelly, F. A.: The Doctor Fox Lecture. A Paradigm of Educational Seduction, In: Journal of Medical Education 48, S. 630–635, 1973

Pease, Allan/Pease, Barbara: Warum Männer nicht zuhören und Frauen schlecht einparken. Ganz natürliche Erklärungen für eigentlich unerklärliche Schwächen, Berlin 2005

Rizzolatti, Giacomo/Sinigaglia, Corrado: Empathie und Spiegelneurone. Die biologische Basis des Mitgefühls, Frankfurt am Main 2008

Robbins, Anthony: Das Powerprinzip. Grenzenlose Energie, München 1995

Rowland, Ian: The Full Facts Book of Cold Reading, London 2002

Sheehy, Gail: Die neuen Lebensphasen. Wie man aus jedem Alter das Beste machen kann, München 1998

Sheehy, Gail: In der Mitte des Lebens. Die Bewältigung vorhersehbarer Krisen, München 1976

Thorndike, Edward L.: A constant error in psychological rating, In: Journal of Applied Psychology 4, S. 469–477, 1920

Van Baaren, Rick B./Holland, Rob W./Steenaert, Bregje/van Knippenberg, Ad: Mimicry for money. Behavioral consequences of imitation. In: Journal of Experimental Social Psychology 39, S. 393–398, 2003

Witzer, Brigitte: Risikointelligenz, Berlin 2011

Danksagung

Alles begann mit meinem Vater, der in mir die Begeisterung weckte, auf der Bühne zu stehen und Menschen zu unterhalten, und der mir von den Fähigkeiten meiner russischen Urgroßmutter erzählte. Ohne seinen Anstoß wäre ich wahrscheinlich nie Mentalist und später Speaker und Autor geworden.

Überhaupt danke ich meinen Eltern, die mich zu jeder Zeit in meinen Vorhaben bekräftigten, sowie meinem Bruder, der schon immer dafür sorgte, dass ich auch online präsent bin.

Ebenso freue ich mich über die große Unterstützung und das Vertrauen von Jürgen Diessl, der von Anfang an als Leiter des Econ-Verlags an mich glaubte, unser Buchprojekt voranbrachte und mir darüber hinaus in vielen Fragen als Speaker half. Auch danke ich meiner Lektorin Hanna Schuler für ihr Engagement und ihre hilfreichen Vorschläge.

Etliche Tipps erhielt ich zudem von dem Motivationsexperten Mathias Fischedick. Von dem Hypnosespezialisten Thomas van der Grinten wurde ich zum medizinischen Hypnosecoach ausgebildet. Daher sage ich auch diesen beiden Dank für ihre Ratschläge, die mich auf meinem Weg voranbrachten.

Die Wiederentdeckung einer vergessenen Tugend

René Borbonus · **Respekt!**
Wie Sie Ansehen bei Freund und Feind gewinnen
304 Seiten, Klappenbroschur
€ [D] 18,00 · € [A] 18,50
ISBN 978-3-430-20110-0

Egoismus und Intoleranz greifen in unserer Gesellschaft zunehmend um sich. Ob im Kampf um den Arbeitsplatz oder bei familiären Auseinandersetzungen – immer mehr Menschen verfolgen rücksichtslos die eigenen Interessen. Doch wer beruflich und privat langfristig etwas erreichen will, der muss seinen Mitmenschen mit Respekt begegnen. René Borbonus zeigt, wie man mit Selbstbeherrschung, Konfliktfähigkeit und Überzeugungskraft auch in schwierigen Situationen besteht.

Nur wer lernt, mit anderen respektvoll umzugehen, wird am Ende selbst Respekt und Anerkennung gewinnen – und so leichter seine Ziele erreichen.

Econ

Hart aber fair – die wirksamsten Verhandlungsstrategien

Matthias Schranner · **Teure Fehler**
Die 7 größten Irrtümer in schwierigen Verhandlungen
208 Seiten mit s/w-Abbildungen, Klappenbroschur
€ [D] 18,00 · € [A] 18,50
ISBN 978-3-430-20075-2

Verhandeln ist eine Kunst! Ohne strategische Vorbereitung sind gravierende Verhand-lungsfehler vorprogrammiert. Und die können Sie teuer zu stehen kommen. Niemand weiß mehr über diese Fehler als Matthias Schranner, Deutschlands führender Verhand-lungsprofi. Anhand vieler Beispiele und Tipps zeigt Schranner, wie Sie diese folgen-schweren Fehler vermeiden und zum erfolgreichen Verhandlungsführer werden.

»Eine super Vorbereitung auf jede Verhandlung – für Einsteiger wie für Profis«
Hamburger Abendblatt

Econ

Neue Geschichten
aus dem Irrenhaus

Martin Wehrle · **Ich arbeite immer noch in einem Irrenhaus**
Neue Geschichten aus dem Büroalltag
320 Seiten (mit Abbildungen), Klappenbroschur
€ [D] 14,99 · € [A] 15,50
ISBN 978-3-430-20133-9

Martin Wehrle ist erneut dem Irrsinn in deutschen Firmen auf der Spur.
Raten Sie selbst: Welches Unternehmen zapft seinen Bewerbern Blut ab?
Welche Firma hat einen hauseigenen Mobbing-Leitfaden gegen »Motzbrüder«
verfasst? Und in welcher Firma ist der Chef, obwohl er im Büro sitzt, nie anwesend?
Die Ergebnisse schockieren und amüsieren, denn der Wahnsinn hat einen Namen:
Unternehmen in Deutschland. Ist Ihres auch dabei?

»Kaum ein Comedian wäre in der Lage, haarsträubendere Episoden zu erzählen,
als die, die Wehrle amüsant und anschaulich zu beschreiben weiß.«
Berliner Zeitung